职业教育物联网应用技术专业系列教材

1+X职业技能等级证书（物联网工程实施与运维）书证融通系列教材

物联网设备装调与维护

组　编　北京新大陆时代教育科技有限公司

主　编　陈　良　周丽娟　孙光明

副主编　贾春霞　刘晓辉　黄　杰

　　　　肖　山　郁　杰　罗兴宇

参　编　王　玲　肖玉梅　文　亚

　　　　黄　聪　吴俊霖　王　鹏

　　　　刘文利　杨彦青　姚路欢

U0279126

机　械　工　业　出　版　社

本书为1+X职业技能等级证书（物联网工程实施与运维）的书证融通系列教材，以职业岗位的"典型工作过程"为导向，融入行动导向教学法，将教学内容与职业能力相对接、项目与工作任务相对接，主要介绍物联网设备安装与维护的相关知识，包括物联网设备的检测安装与配置测试、物联网系统的数据采集监控与项目展示、系统设备运行维护与故障排查等，并以行业中的典型应用项目为载体，将上述知识内容融入并进行技能演练，采用"项目引领、任务驱动"的模式，以行动导向教学法的实施步骤为主线编排各任务，有利于读者学习与实践。

本书可作为各类职业院校物联网应用技术及相关专业的教学用书，也可作为从事物联网设备装调、设备运维等人员的自学参考用书。

本书配有电子课件等资源，选用本书作为授课教材的教师可以从机械工业出版社教育服务网（www.cmpedu.com）免费注册后进行下载或联系编辑（010-88379807）咨询。本书还配有微课视频资源，读者可直接扫描书中二维码进行观看。

图书在版编目（CIP）数据

物联网设备装调与维护/北京新大陆时代教育科技有限公司组编；陈良，周丽娟，孙光明主编. —北京：机械工业出版社，2023.1（2025.1重印）

职业教育物联网应用技术专业系列教材　1+X职业技能等级证书（物联网工程实施与运维）书证融通系列教材

ISBN 978-7-111-72013-3

Ⅰ. ①物… Ⅱ. ①北… ②陈… ③周… ④孙… Ⅲ. ①物联网—设备安装—职业教育—教材 ②物联网—设备—调试方法—职业教育—教材 ③物联网—设备—维修—职业教育—教材 Ⅳ. ①TP393.4 ②TP18

中国版本图书馆CIP数据核字（2022）第212065号

机械工业出版社（北京市百万庄大街22号　邮政编码100037）

策划编辑：李绍坤　　　　　责任编辑：李绍坤　张星瑶

责任校对：韩佳欣　陈　越　　封面设计：马若濛

责任印制：常天培

固安县铭成印刷有限公司印刷

2025年1月第1版第5次印刷

184mm×260mm · 13.75印张 · 300千字

标准书号：ISBN 978-7-111-72013-3

定价：45.00元

电话服务　　　　　　　　　　网络服务

客服电话：010-88361066　　　机　工　官　网：www.cmpbook.com

　　　　　010-88379833　　　机　工　官　博：weibo.com/cmp1952

　　　　　010-68326294　　　金　书　网：www.golden-book.com

封底无防伪标均为盗版　　　机工教育服务网：www.cmpedu.com

近年来，在国家培育壮大新动能、加快发展新经济的推动下，物联网技术作为新一代信息技术的重要组成部分，应用在了越来越多的行业领域。随着经济的快速发展，企业对于人才的需求越来越紧迫。在国家"互联网+"行动和《中国制造2025》的要求下，培养一批物联网设备安装、调试、运维类人才已是势在必行。高职院校是培养高素质技能型人才的主要阵地，在职教改革的背景下，为保证产业发展与人才培养的紧密对接，编者联合企业，结合多年的教学与工程实践经验，编写了本书。

本书编写特色如下：

1. 以书证融通为出发点，对接行业发展与岗位需求

本书落实"1+X"证书制度，深化三教改革要求，围绕书证融通模块化课程体系，对接行业发展的新知识、新技术、新工艺、新方法，聚焦物联网设备装调与维护的岗位需求，将职业技能等级证书中的工作领域、工作任务、职业能力融入课程的教学内容中，改革传统课程。

2. 突出"双核"培养，将学生职业能力发展贯穿始终

有了知识，不一定就有能力。本书在通过项目（任务）完成应用知识向专业能力转化的同时，在项目实施中嵌入自主学习、与人交流、与人合作、信息处理、解决问题等职业核心能力培养，将专业核心技能与职业核心能力"双核"贯穿于各个项目（任务），综合提升职业能力，全方位服务于学生的职业发展。

3. 以学生为主体，提高学生学习主动性

本书在内容设计上充分体现了"学生主体"思想，在任务描述与要求、知识储备、任务实施、任务小结等多个环节都注重发挥学生的学习主体作用，同时注重发挥教师的引导、组织、督促作用。在教与学的过程中引导学生动手、动脑学习操练，使其充分参与实践，提高学习效果。

4. 多元化的教学评估方式，综合考察学生的职业社会能力

为促进读者职业能力培养，本书内容采取了多元化的教学评估方式，例如通过需求调研与分析、设备检测、设备配置与调试、设备安装与接线、系统功能验证、项目可视化展示、系统运行维护、设备故障排查等考察学生的知识基础和专业技能，通过任务实施过程中的沟通交流、团队协助、分析解决问题等情况，综合考察学生的职业社会能力。

5. 以立体化资源为辅助，驱动课堂教学效果

本书以"信息技术+"助力新一代信息技术专业升级，满足职业院校学生多样化的学习需求，通过配备丰富的微课视频、PPT、教案、题库等资源，大力推进"互联网+""智能+"教育新形态，推动教育教学改革创新。

6. 以校企合作为原则，驱动应用型人才培养

本书由重庆电子工程职业学院、北京新大陆时代教育科技有限公司联合开发，充分发挥校企合作优势，利用企业对于岗位需求的认知及培训评价组织对于专业技能的把控，同时结合院校教材开发与教学实施的经验，保证本书的适用性与可行性。

本书以物联网设备装调与维护的岗位要求为主线切入，以实际工作过程为导向，以真实项目案例为载体，以具体任务为驱动，重点培养学生设备装调、设备

运维方面的知识、技能与素养。本书共有6个项目，参考学时为64学时，各项目的知识重点和学时建议见下表：

项 目 名 称	任 务 名 称	知 识 重 点	建 议 学 时
项目1 认识物联网设备装调与维护	任务1 物联网行业调研	1. 物联网体系架构、产业链结构、行业现状、主要应用领域 2. 物联网设备装调与维护典型岗位及能力要求	2
	任务2 物联网设备装调与维护岗位调研		2
项目2 智慧物流——仓储管理系统设备检测与安装	任务1 仓储管理系统感知层设备开箱与检测	1. 物联网设备常用的软硬件检测工具及使用方法 2. 物联网感知层和网络层常见设备及检测方法 3. 物联网设备安装接线规范及方法	4
	任务2 仓储管理系统数据传输设备开箱与检测		4
	任务3 仓储管理系统设备安装与接线		4
项目3 智慧社区——社区安防监测系统设备配置与数据采集	任务1 社区安防监测系统网络层设备配置	1. 物联网系统中常见的设备接口及应用 2. 物联网系统中设备的配置与调试方法 3. 物联网系统中的数据采集方法	4
	任务2 社区安防监测系统感知层设备配置		4
	任务3 社区安防监测系统设备数据采集		6
项目4 智慧交通——停车场管理系统监控与项目展示	任务1 停车场管理系统Docker容器监测	1. Docker技术和操作系统基础知识 2. 使用Docker常用命令进行系统运行与监控的方法 3. 物联网云平台的可视化设计的原理及方法 4. ThingsBoard平台的使用方法	4
	任务2 停车场管理系统数据监测		6
	任务3 停车场管理系统项目展示		4
项目5 智慧农业——生态农业园监控系统故障排查与设备联动	任务1 生态农业园监控系统设备故障排查	1. 物联网系统原理、信号流程及搭建方法 2. 基于ThingsBoard平台进行系统配置，实现设备联动控制的方法 3. 根据系统运行的日志文件进行系统功能监控和故障排查的方法	6
	任务2 生态农业园监控系统设备联动		8
项目6 物联网设备装调与维护ThingsBoard平台挑战	任务1 ThingsBoard设备API连接	1. ThingsBoard平台的API接口及应用 2. ThingsBoard平台的告警信息推送机制和方法	4
	任务2 ThingsBoard邮件报警配置		2
合计（学时）			64

本书由教材编写团队人员提供真实项目案例，共同分析岗位典型工作任务。本书由北京新大陆时代教育科技有限公司组编，由陈良、周丽娟、孙光明任主编，贾春霞、刘晓辉、黄杰、肖山、郁杰、罗兴宇任副主编，参与编写的还有王玲、肖玉梅、文亚、黄聪、吴俊霖、王鹏、刘文利、杨彦青、姚路欢。全书由陈良、周丽娟、孙光明负责大纲拟定、全书编写及统稿，肖玉梅负责编写项目1，周丽娟负责编写项目2，王玲负责编写项目4，罗兴宇负责编写项目3和项目5，文亚负责编写项目6，贾春霞、刘晓辉、黄杰、肖山、郁杰、黄聪、吴俊霖负责各项目的信息化资源制作，王鹏、刘文利、杨彦青、姚路欢参与了教材编写过程中资料的收集整理以及课程配套资源的制作。

由于编者水平有限，书中难免有错误和疏漏之处，恳请广大读者批评指正。

编　者

二维码索引

目录

▶ CONTENTS

项目 ① 认识物联网设备装调与维护

引 导案例

随着科技的发展和技术的进步，个人保健、智能家居、用手机跟踪快件信息、智慧交通、远程医疗、智慧农业等物联网技术已经进入了人们的日常生活，物联网时代已经来临。

物联网的发展就是基于互联网逐步完成物与物、人与物、人与人之间的联系，通过互联网进行信息交换，以实现智能化的识别、定位、跟踪、监控和管理与服务的一种信息网络。

伴随着物联网需求的不断丰富和增加，物联网的应用通过各种信息传感器设备及系统（传感器、射频识别系统、二维码、视频监控系统、手机等），按约定的通信协议进行信息通信。

物联网建设是通过科学技术的手段，为温室农作物提供相对可控制的适宜环境，能够对环境温度、湿度、光照、二氧化碳等环境气候进行智能调节，摆脱对自然环境的依赖。如图1-1所示，智慧农业温室大棚监测系统具有明显的高投入、高科技、高品质、高产量和高收益等特点，同时能够有效减少病虫害的侵袭、减少农药的使用，提高作物抗病性，从而真正实现了农业生产自动化、管理智能化。用户可以通过计算机、手机实现对温室大棚种植管理智能化调温、精细化施肥，从而可达到提高产量、改善作物品质、节省人力、降低人工误差、提高经济收益的目的。

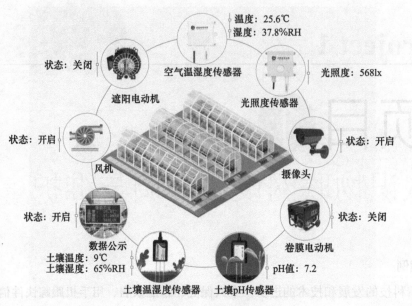

图1-1 智慧农业温室大棚监测系统

随着工业物联网、智能家居、智慧城市、智慧农业等物联网产业的兴起，需要大量具备射频识别（RFID）、嵌入式、网络、传感技术知识，能够完成物联网产品的检查与维修、设备及附件的部署与组装调试、网络的检测与连接、配置数据参数以及网络环境的运行维护等工作的技术型和操作型人才。

任务1　物联网行业调研

职业能力目标

- 能根据物联网行业的调研，掌握物联网的体系结构
- 能根据物联网行业的调研，了解物联网标准
- 能根据物联网行业的调研，了解物联网的产业链、主流厂商及产品

任务描述与要求

任务描述： 小刘是某高校物联网专业的学生，为了在毕业时找到一份心仪的工作，他决定提前做好就业前准备，比如了解哪些行业对物联网人才的需求比较大，以便未来更好地在物联

网行业发展。于是，他准备和同学一起进行一次物联网行业调研。

任务要求：

● 能进行信息收集与整理，熟悉物联网的体系结构和标准

● 能根据行业调研，了解物联网技术的应用领域

● 能根据物联网应用领域，调研物联网行业的市场需求

一、物联网技术

物联网顾名思义就是物物相连的互联网。物联网通过智能感知、识别技术与普适计算等通信感知技术，广泛应用于网络的融合中，也因此被称为继互联网和移动通信网之后世界信息产业发展的第三次浪潮。

1. 物联网概念

物联网（Internet of Things, IoT）技术是由美国麻省理工学院（MIT）的Kevin Ashton于1991年首次提出。1999年，美国麻省理工学院建立了自动识别中心，提出了网络射频的概念，指出"万物皆可通过网络互联"。2001年，美国麻省理工学院阐明了物联网的基本含义：把所有物品通过RFID等信息传感设备与互联网连接起来，实现智能化识别和管理。2005年，国际电信联盟指出：信息与通信技术的目标已经从任何时间、任何地点连接任何人，发展到连接任何人与物品，由亿万件物品的信息连接、共同分享而形成物联网。

工业和信息化部电信研究院指出：物联网是通信网和互联网的拓展应用和网络延伸，它利用感知技术与智能装置与物理世界进行感知识别，通过网络传输互联，进行计算、处理和知识挖掘，实现人与物、物与物信息交互和无缝链接，达到对物理世界实时控制、精确管理和科学决策的目的。

广为接受的物联网定义为：物联网是通过射频识别（RFID）、红外感应器、全球定位系统、激光扫描仪等信息传感设备，按约定的协议，把物品与网络连接起来进行信息交换和通信，以实现智能化识别、定位、跟踪、监控和管理的一种网络。

2. 物联网体系结构

物联网业界比较认可的三层结构是感知层（利用RFID、传感器等随时随地获取物体的信息）、网络层（通过各种网络融合将物体的信息实时准确地传递出去）、应用层（利用云计算、模糊识别等各种智能计算技术对海量数据和信息进行分析和处理，对物体实施智能化控制）。物联网体系结构如图1-2所示。

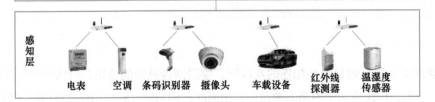

图1-2 物联网体系结构

（1）感知层

感知和识别技术是物联网感知物理世界获取信息、实现物联网控制的首要环节。感知技术能够实现对物体与环境信息的采集、压缩与预处理，从而将物理世界中的物理量、化学量、生物量转化成数字信号。识别技术实现对物体标识和位置信息的获取，以实现对目标对象的精准联系与定位。

感知层是物联网的核心。RFID技术、传感和控制技术、二维码、多媒体信息采集和实时定位是感知层的主要技术。

（2）网络层

网络层或称传输层，包括信息存储查询、网络管理等功能，建立在现有的移动通信网和互联网基础上。

物联网中的网络节点（尤其是传感网节点）本身资源有限，因此迫切需要低功耗路由技术。然而传统的面向互联网的路由算法并未考虑节点资源受限问题，算法结构复杂，功耗较高，因此低功耗路由技术成为近年来物联网领域的研究热点之一。

网络层是物联网的基础。物联网常用的短距离通信技术有蓝牙、ZigBee、Wi-Fi、NFC、UWB、华为Hilink等十多种。

（3）应用层

应用层主要包含应用支撑平台子层和应用服务子层，利用经过分析处理的感知数据，为用户提供如信息协同、共享、互通等跨行业、跨系统物联网感知层的服务。

应用层负责海量信息的高速处理和业务的智能生成与提供，涉及大数据、云计算、人机交互、业务动态重构等技术。

3. 物联网应用领域

物联网的应用给人们的生产带来了极大便利，并会因此改变人类的生活方式。现代物联网发展越来越趋向于精细化，例如提高了数据采集的实时性和准确性，提高了城市管理、工业管理和操作管理的效率和精确度。物联网发展也更加智能化，管理也更加简单。

目前物联网九大应用领域有：智能工业、智能农业、智能物流、智能交通、智能电网、智能环保、智能安保、智能医疗、智能家居。智慧农业、智能家居、智慧交通、智慧医疗等智慧产业都涉及运用大量的物联网传感器、射频设备、电子标签等产品设备，完成对环境信息的采集、数据的识别与处理等工作，因此对掌握物联网技术、熟悉物联网产品安装和运维的调试人员有大量需求。物联网技术同样为物流、建筑、工业生产和能源行业提供了新的发展方向，通过智能设备的运用提升了生产效率、带动了传统产业的升级。

物联网网络的建设为物流链条、工业生产线、能源输送等提供了生产监测、信息收集、流程管控等工作方式和手段，因此在私有物联网、公有物联网、社区物联网、混合物联网的网络部署、调试和管理工作上也对技术人员的知识和能力提出了新的要求。

4. 物联网标准

物联网标准是国际物联网技术竞争的制高点。由于物联网涉及不同专业技术领域、不同行业应用部门，其标准既要涵盖面向不同应用的基础公共技术，也要涵盖满足行业特定需求的技术标准，包括国家标准和行业标准。

物联网总体性标准是公共物联网、各个行业专属物联网必须遵循的标准，也是公共物联网标准、行业专属物联网标准可以直接引用的标准。

物联网通用共性技术标准是用于规范公共物联网与各行业专属物联网应用中共同使用的信息感知技术、信息传输技术、信息控制技术及信息处理技术，这些通用共性技术标准可以被公共物联网标准行业专属物联网标准直接引用。

公共物联网标准用于规范公共通信网与公共物联网业务平台上支持行业应用和公众应用的物联网标准。

行业专属物联网标准用于规范行业（电力、交通、环保等）专属物联网上支持行业应用的物联网标准。例如智能电网、智能医疗、智能交通、工业控制、家具网络等，都分别由不同的国际标准组织和联盟推进。

二、物联网行业产业链

1. 物联网行业简介

在物联网发展过程中，人们不会只满足于享受"随时"的快捷和"随地"的便利，而更希望"随物"的自由——人与物体的智能连接与互动,让人类可以自由地感知身边的物体甚至与之交流。作为互联网的延伸与拓展,物联网从开始的不被人理解到今天的广泛认可,经历了从萌芽到成熟的不同阶段。物联网旨在构建"物物相连的互联网",将分离的物理世界和信息空间有效互联,进行信息交换和通信,构建了一个涵盖人与物的网络信息系统,从而使智慧的设施与产品进入人们的生产生活之中。物联网代表了未来网络的发展趋势与方向,是现代信息技术发展到一定阶段后出现的一种聚合性应用与技术提升。

2. 物联网行业生态链

图1-3所示为物联网数据架构四要素(硬件、软件、通信、应用)及主流厂商。物联网行业生态链涵盖了从产生数据、传输数据、管理数据到数据转换为价值,整个流程涉及了几乎所有参与者类型:芯片厂商、模块厂商、终端设备厂商、通信运营商、软件技术供应商、整合上述三种能力的应用平台、产业服务机构、系统集成商,以及各个行业用户。

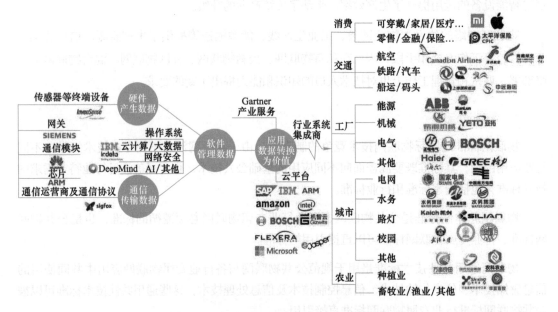

图1-3 物联网行业生态链

（1）芯片

芯片也被称作微电路、微芯片和集成电路,是指包含集成电路的硅芯片。芯片体积较小,通常是计算机或其他电子设备的一部分。在物联网系统中,芯片是传感器、控制器、通信模组、智能终端的核心,涉及类型主要包括传感器芯片、控制芯片、基带芯片、射频芯片、存储芯片、电源管理芯片等。

物联网产业链中芯片领域主要包括系统级芯片生产厂商、特殊功能芯片生产厂商、芯片封装和芯片分销厂商,具体见表1-1。

表1-1　物联网领域中的部分芯片厂商

行 业 方 向	主 要 厂 商
系统级芯片	恩智浦、微芯科技、瑞萨科技、德州仪器、意法半导体、华大半导体、全志科技、北京君正
特殊功能芯片	高通、华为海思、英特尔、联发科、中兴通讯、新大陆、锐迪科、海格通信、Atmel、北斗星通、中芯国际
芯片封装	通富微电、华天科技、长电科技
芯片分销	润欣科技、力源信息、科通芯城

（2）传感器

物联网产业中主要的感知层设备包括传感器和传感类设备。其中，传感器是能感受被测量并按照一定的规律转换成可用输出信号的器件或装置，通常由敏感元件和转换元件组成。传感器可以采集身份标识、运动状态、地理位置、姿态、压力、温度、湿度、光线、声音、气味等信息。广义的传感器包括传统意义上的敏感元器件、RFID、条码、二维码、雷达、摄像头、读卡器、红外感应元件等。

当前传感器市场的主要厂商有霍尼韦尔、意法半导体、飞思卡尔、博世、飞利浦、歌尔声学股份、浙江大华、航天时代、天水华天、东风电子、上海航天汽车机电、士兰微电子、紫光股份、科陆电子、华工科技等。传感类设备的主要厂商有三星安防、海康威视、海格通信、移为通信、新天科技、三川智能、金卡智能等。

（3）通信网络

物联网的通信网络是指各种通信网与互联网形成的融合网络，包括蜂窝网、自组网、专网、卫星网等，常见的局域网技术有Wi-Fi、蓝牙、ZigBee等，常见的广域网技术有工作于授权频段的2/3/4/5G、NB-IoT和非授权频段的LoRa、SigFox等。因此涉及通信设备、通信网络(接入网、核心网)、SIM卡制造等。物联网很大程度上可以复用现有的电信运营商网络(有线宽带网、2/3/4/5G移动通信网络等)。常见的物联网通信产品类型及生产厂商见表1-2。

表1-2　物联网通信产品类型及生产厂商

产 品 类 型	主 要 厂 商
无线模组	Telit、高新兴、广和通、小米、Wireless、Sierra、移远通信、芯讯通、上海庆科、北斗星通、慧翰股份、拓邦股份等
通信网络	中国移动、中国联通、中国电信、SigFox、齐星铁塔、广电等
通信设备	华为、中兴通讯、爱立信、TP-Link、瑞斯康达、通宇通讯等
eSIM卡/SIM卡	金雅拓、东信和平、天喻信息、恒宝股份等

（4）物联网云平台

物联网云平台是基于智能传感器、无线传输技术、大规模数据处理与远程控制等物联网核心技术与互联网、无线通信、云计算大数据技术高度融合开发的一套物联网云服务平台，集设备在线采集、远程控制、无线传输、数据处理、预警信息发布、决策支持、一体化控制等功能于一体的物联网系统。根据物联网云平台的功能，可以将其分为连接管理平台（CMP）、设备管理平台（DMP）和应用开发/使能平台（AEP）三种类型，目前主流的物联网云平台及功能见表1-3。

表1-3 目前主流的物联网云平台及功能

平台类型	平台功能	主要提供方
连接管理平台	保障电信运营商物联网终端通道的稳定、网络资源用量的管理、资费管理、账单管理、套餐变更、号码/IP地址资源管理	电信运营商自建、思科Jasper、爱立信DCP、沃达丰GDSP等
设备管理平台	对物联网终端设备进行远程监管、系统升级、故障排查、生命周期管理等功能，所有设备的数据均可存储在云端	智能硬件/模块/控制器厂商，如Sierra Wireless、小米、华为、艾拉物联、腾讯、博世、和而泰、安吉星、博泰等
应用开发/使能平台	为IoT开发者提供应用开发工具、后台技术支持服务、中间件、业务逻辑引擎、API接口、交互界面等，让开发者无须考虑底层的细节问题便可以快速进行开发、部署和管理	IBM、腾讯、阿里、中移、华为、新大陆、艾拉物联、机智云、云智易、有人物联网等

（5）操作系统

操作系统（Operating System，OS）是管理和控制物联网硬件和软件资源的程序，类似智能手机的iOS、Android、鸿蒙系统等，是直接运行在"裸机"上的最基本的系统软件，其他应用软件都在操作系统的支持下才能正常运行。

目前，发布物联网操作系统的主要是IT巨头，如微软、苹果、华为、阿里等。操作系统有微软的Windows 10 For IoT、华为的LiteOS等。

（6）智能硬件

智能硬件是集成了传感器和通信功能，可接入互联网并实现特定功能或服务的设备，广义还包括智能控制器、智能表计设备（水表、燃气表）等。按照面向的购买客户来划分，智能硬件可以分为：To B类，即面向企业。由B端付费，如车载前装T-BOX、无线POS机、智能控制器、智能水表等；To C类，即面向最终客户。由C端付费，如可穿戴设备、智能家居、车载后装设备等。

（7）集成应用

集成应用指系统集成、应用开发及增值服务，是物联网的部署和落地。物联网集成应用服务一般面向大型客户或垂直行业，如智慧城市、智慧水务、工业物联网、智慧医疗等。系统集成商可以帮助客户解决各类设备、子系统间的接口、协议及安全等问题，确保客户得到一站式的解决方案。

目前，物联网领域的主要系统集成厂商及典型应用领域见表1-4。

表1-4 物联网领域的主要系统集成厂商及典型应用领域

应用领域	主要厂商
智能硬件（智能控制器）	小米、海尔、德赛、路畅科技、盛路通信、慧翰股份、兴民智通、和而泰、拓邦股份
系统集成与应用服务	华为、中兴通讯、星网锐捷、汉威电子、高新兴、东土科技、启明星辰、英泰斯特、上海博泰、高德地图、四维图新

智能制造业、智慧农业、智能家居、智能交通与车联网、智能物流以及消费者物联网产业等成为物联网人才需求的重点领域，其涉及的物联网产品设备数量众多且类型广泛，因此也是物联网安装调试员主要的就业领域。

3. 物联网行业运行现状

近年来，物联网技术快速发展并深入应用在各产业领域，物联网和全球经济发展逐渐密不可分。根据全球移动通信系统协会（GSMA）数据显示，2018年，物联网对全球经济的影响达1750亿美元。从行业来看，对全球制造业的影响最大，高达920亿美元。同时，全球经济发展也会反过来推动物联网行业的进步，预计到2025年，物联网对全球经济影响将达3710亿美元。

物联网是我国七大战略新兴产业之一，是引领我国经济发展的重要力量，行业及职业前景广阔。物联网已在智能制造、智能家居、智慧农业、智能交通和智慧医疗等领域得到较好应用。未来还会在各个行业、领域发挥更大作用。

4. 物联网行业市场发展趋势

随着物联网设备技术的进步、标准体系的成熟以及政策的推动，物联网应用领域在不断拓宽，新的应用场景不断涌现。未来几年内，我国物联网产业将在智能电网、智能家居、数字城市、智能医疗、智能物流、车用传感器等领域率先普及，成为产业革命重要的推动力。

1）智能物流将成为行业发展趋势。因此，在物流管理领域应用物联网，对于大幅降低物流成本、促进物流信息技术相关的标准化体系建设、建立依托在集成化物联网信息平台基础之上的现代物流系统意义重大。

2）物联网智能医疗前景好。目前，医疗卫生信息化是国家信息化发展的重点，已纳入国家网络安全和信息化建设重点，将实现重点突破。

3）智能家居领域将迎来较快发展机遇。

4）车联网发展更加成熟。目前，车联网市场内生动力强大，相关技术标准日趋成熟，全面推广的各方面条件基本具备，将成为物联网应用的率先突破方向。

物联网与5G、大数据、云计算、人工智能、区块链等新一代信息技术的融合进一步加深，作为新一代信息技术的重要组成部分，物联网的跨界融合、集成创新和规模化发展，在促进传统产业转型升级方面起到了巨大的作用。NB-IoT、5G、人工智能(AI)、云计算、大数据、区块链、边缘计算等一系列新的技术和题材将不断地注入物联网领域，助力"物联网+行业应用"快速落地，促使物联网在工业、能源、交通、医疗、新零售等领域不断普及，也催生了智能门锁、智能音箱、无人机等诸多单品，成为物联网的新应用。人工智能、区块链、大数据、云计算等和物联网的结合，构建出一个新的、泛在的智能ICT(信息、通信和技术)基础设施，应用于全行业。

由于前景广阔、使用范围广泛，市场对物联网工程技术员的需求也日渐增多，物联网领域发展、行业快速应用造成人才巨大缺口，市场需要大量具备底层技术研究、软硬件系统研发、项目规划实施、系统运维管理等各项专业技术技能的物联网工程技术人才，以驱动产业持续高速发展。

任务实施

任务实施前必须先准备好以下设备和资源。

序　号	设备/资源名称	数　量	是否准备到位（√）
1	计算机	1台	
2	Office软件	1套	

1. 物联网行业分析

通过对智能制造、智慧农业、智能家居、智能交通与车联网、智能物流以及消费者物联网产业等行业进行调研，了解社会对物联网需求的发展、物联网人才需求的重点领域、物联网产品设备类型、物联网安装调试员的主要就业领域等。

通过信息收集整理，了解阿里巴巴、百度等企业对从事物联网设备安装与调试人员的需求，填写表1-5。

表1-5　物联网行业的XYZ项目资料收集表

目　的	为XYZ项目提供必要的立项依据
调查人	
调查时间	
调查对象	
调查方式	
术　语	

2. 物联网产品分析

通过调研了解用户对物联网产品的印象、期望和需求，了解用户对物联网产品的体验评价以及对不同产品的需求偏好，为未来物联网产品的发展及服务提供资料。

在调研企业的数量及发展情况的过程中，某公司看重小刘收集信息的能力，希望他为公司的主要物联网系列产品编制一份宣传手册，见表1-6。

表1-6　物联网行业中的X公司的产品宣传手册

公司概况	
公司发展状况	
公司文化	
公司主要产品	
销售业绩	
售后服务	

3. 编制物联网行业调研报告

准备阶段的任务是了解有关情况，建立与各种信息渠道的联系，设计全盘的调查方案，确定调查的范围、对象与方法。物联网涉及各个行业和领域，在进行工程设计时，要遵守物联网技术的专项标准规范，还需要遵循应用领域的规范。

通过查找物联网设备装调与维护的国家职业标准、物联网工程设计标准、物联网工程施工规范，制作X项目的行业调研表，根据调研内容，完成一份行业调研报告，见表1-7。

表1-7 X项目行业调研报告模板

1. 市场调查 提示： （1）市场发展历史与趋势 （2）市场总额与份额统计
2. 政策或者行业标准调查 提示：调查与本项目相关的政策或者行业标准
3. X项目中涉及同类产品调查 提示：调查同类产品功能、质量、价格，以及主要优点和主要缺点
4. 竞争对手调查 提示：调查各竞争对手的市场状况，以及它们在研发、销售、资金、品牌等方面的实力
5. 用户调查 提示：调查一些老用户和潜在用户，记录他们的需求与建议

任务小结

本任务通过对物联网行业调研报告的编写，提升物联网实施与运维工程师对物联网行业的调研能力、信息收集处理能力和技术文案撰写能力。在编制调研报告的过程中，要求学习者对数字、图表、专业名词术语的使用做到深入浅出，语言准确、鲜明、生动、朴实、具有表现力，培养学生的创新精神。通过对物联网基本知识的了解和对物联网行业调研报告的编写，达到提前规划个人职业的目的。

本任务相关的知识技能小结思维导图如图1-4所示。

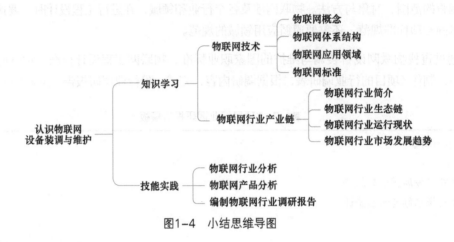

图1-4　小结思维导图

任务2　物联网设备装调与维护岗位调研

职业能力目标 ◀

- 能根据岗位调研，了解物联网设备装调与维护岗位的技能要求

- 能根据岗位调研，了解物联网装调与维护岗位的职业特点

- 能根据岗位调研，进行个人职业规划，明确学习目标，提升竞争力

- 根据调研实践，提升调研能力、信息收集和处理能力、与人交流的能力、解决问题的能力

任务描述与要求 ◀

任务描述：小刘是某高校物联网专业的学生，通过行业调研后，对物联网设备装调与维护的工作岗位非常感兴趣，他决定提前做好就业准备，他计划通过招聘网站，了解物联网设备装调与维护人员的招聘要求，为后续学习指明方向。

随着物联网应用场景的不断丰富，物联网设备海量增加，物联网装调与维护的岗位需求日趋增加。在不同的物联网应用系统中，物联网安装与调试的岗位职责都不尽相同，需要调查收集各类物联网岗位，识别岗位的专业技术要求，查询岗位所处行业的发展趋势，填写物联网设备装调与维护岗位的调查表，完成个人岗位匹配分析。

任务要求：

- 能根据岗位调研，了解物联网装调与维护岗位的岗位职责

- 能根据岗位调研，了解物联网装调与维护岗位的技能要求

- 能根据就业需求，查询物联网装调与维护岗位的招聘信息

- 能根据岗位调研，完成个人岗位匹配分析

一、物联网安装调试员岗位工作任务

1. 职业定义

物联网安装调试员就是利用检测仪器和专用工具，安装、配置、调试物联网产品与设备的人员。其工作任务是搭建数据互联的信息网络，并通过电子标签将真实的物体用网络连接，并通过调试各类设备，实现中心计算机对机器、设备、人员进行集中管理、控制，构成自动化操控系统，最终完成物联网体系建设，实现物与物的相连。

2. 岗位职责

工作内容包括以下几点：

1）检查产品和设备，检测物联网设备、感知模块、控制模块的质量。

2）组装物联网设备及相关附件，选择合适的位置进行安装与固定。

3）连接物联网设备电路，实现设备供电。

4）建立物联网设备与设备、设备与网络的连接，检测连接状态。

5）调整设备安装距离，优化物联网网络布局。

6）配置物联网网关和短距离传输模块参数。

7）预防和解决物联网产品和网络系统中出现的网络瘫痪、中断等事件，确保物联网产品及网络的正常运行。

物联网设备装调与维护可分为物联网施工工程师和物联网测试维护管理工程师。

1）物联网实施工程师的主要岗位职责如下：

① 了解物联网技术原理，熟悉物联网相关技术趋势，熟悉物联网相关协议及相关开源项目，对通信协议有所了解。

② 熟悉无线传感网络、以太网、现场总线等通信技术，了解RFID、ZigBee、WiFi、WIA-PA、蓝牙、UWB等技术，掌握主流传感器应用方案，并具有相关技术的综合组网经验。

③ 熟悉主流开源框架，了解Linux系统的常见操作，具备基本的Shell/Python脚本编写能力。

④ 工作责任感强，有较好的钻研精神和团队意识，具备技术文档的编写能力。

⑤ 熟悉电气规范和智能控制的系统现场施工工序及规范，熟悉物联网及其控制系统原理和特性。

⑥ 熟悉强弱电，能编制电气原理图、接线图及使用说明书等技术文件，熟练掌握AutoCAD、Office等办公软件。

⑦ 根据项目工作安排，及时、有效地完成项目的具体实施工作，确保项目能够按照合同和协议验收上线工作。

⑧ 根据公司项目的实施管理流程，承担项目的整体实施工作，及时解决项目中遇到的困难和变更。

⑨ 根据项目管理制度，执行实施阶段的成本控制、工期、质量控制，落实项目验收工作。

⑩ 根据项目工作动态与用户的信息，寻找相关部门人员、技术资源的支持与配合，将项目情况及时汇报部门经理。

⑪ 根据客户需求进行系统配置，并配合公司其他部门完成不同系统对接。

2）物联网测试维护管理工程师的主要岗位职责如下：

① 从事智能终端、智能家居、智能穿戴等物联网无线产品的硬件测试工作。

② 掌握电子电气、无线物联领域相关仪器仪表的使用和操作。

③ 对于通信产品的无线技术、国际标准、检测方法的研究和实践。

④ 完成对智能硬件产品国际、国内市场准入及技术联盟认证。

⑤ 负责管理硬件测试部所有工作，发现并改善部门问题，提高工作效率，优化部门流程规范。

⑥ 根据产品设计规划，独立编写测试用例，并组织硬件、质量等负责人员一起对用例进行评审，根据测试要求制定硬件测试计划和测试策略。

⑦ 负责智能硬件产品各功能模块的硬件测试，包括基带、射频等，熟悉相关模块工作原理。

⑧ 负责专项测试工作，熟悉相关模块工作原理。

⑨ 负责bug管理、报告输出、质量评估等，对测试结果做出客观正确评判，并主动推动研发解决，负责跟进验收。

⑩ 负责协调测试资源，与开发、质量等部门进行沟通，推进问题解决，保证测试工作的顺利执行，为整体的测试质量负责。

⑪ 解决测试过程中的复杂技术问题。

⑫ 负责搭建测试环境，帮助部门人员学习成长，组织培训，积累测试经验。

3. 岗位技术技能

1）熟悉输变电无线通信协议、物联网传感器数据规范。

2）能检查进场设备与配件的完好性。

3）能使用专用测试工具对网络通信设备进行检测。

4）能完成设备固件的版本检查和升级。

5）能根据项目实施方案完成设备的安装。

6）能根据项目实施方案完成传感网络的搭建。

7）能根据项目实施方案完成有线、无线、混合网络的搭建。

8）能根据项目实施方案完成服务器设备的安装。

9）能根据项目实施方案完成传感网络的调试。

10）能根据项目实施方案完成有线、无线、混合网络的调试。

11）能根据项目实施方案完成设备的联调。

12）熟悉相关通信测试标准；熟悉硬件测试规范、熟悉通信数据产品测试方法；对缺陷管理、测试用例管理较为熟悉。

13）熟悉广域网、GPS、Wi-Fi、BT相关射频指标及其测试工作。

4. 岗位就业方向

物联网将现实世界数字化，通过数字信息的建设和使用拉近物与物之间的关系。物联网涵盖的规模十分广泛，工业、农业、能源、建设、服务业等各个领域都为物联网安装调试员提供了就业岗位和方向。主要的工作包括对物联网产品的安装及网络的调试管理等。

二、物联网设备装调与维护职业岗位要求

1. 物联网人才需求社会背景

随着我国物联网产业的壮大，2020年4月人力资源部和社会保障部发布了《新职业——物联网工程技术人员就业景气现状分析报告》，指出目前我国物联网行业从业人口约为200万人，未来对行业人才的需求量将保持年均增速20%左右，物联网人才的需求供给不足将对我国物联网产业发展带来极大的限制。

加快发展物联网产业不仅是提升我国信息产业核心竞争力、发展创新型经济的战略选择，也是改造提升传统产业、促进两化融合、提升社会信息化水平的重要抓手，对经济发展和社会生活都将产生深远影响。但目前我国高素质的物联网技术人才短缺，因此，培养与国际接轨的高素质物联网技术人才，为工业化与信息化融合服务，已成为"两化"融合过程中的一项重要工作。

2. 人才需求预测分析

人才需求预测是指以企业的战略目标、发展规划和工作任务为出发点，综合考虑各种因素的影响，对企业未来所需人才的数量、种类、质量和时间等进行评估的活动。它是企业制定人才招聘战略以及开发战略的起点，其准确性对人才发展战略的成效有决定性影响。主要对以下几个指标进行评估：

1）专门人才拥有量。即历史和现在的专门人才的实际拥有量。可细分为总数、部门拥有数、地区拥有数、每万人口中比例、每万职工中的比例等。根据拥有量以及自然引述（如死亡等）和社会因素（如流动等）的影响，可以利用人才拥有量预测模型推算出未来阶段不同专业、不同学历、不同职称的人才演变过程和目标年份的人才拥有量。

2）专门人才需求量。根据未来社会、政治、经济、文化、科技发展趋势和规划，预测未来某一目标年度的专门人才数。可细分为需求总数、部门需求量、地区需求量、每万人口需求比例、每万名职工需求比例等。人才需求量必须从社会、经济等发展的实际需求出发，正确选择反映这些因素变化对人才需求的指标，应用人才需求量预测模型计算确定。人才需求量指标是人才需求预测的主要指标，以它为准与人才拥有量对比，才能得到预测年度应该补充的人才数。

3）人才结构的素质指标。主要指①专业类比，即各个专业的人才在人才总数中的比例；②学历类比，即不同学历的人才在人才总数中的比例；③职称类比，即不同职称的人才在人才总数中的比例；④年龄类比，即不同年龄组的人才在人才总数中的比例。

4）专门人才补充量。指预测的人才需求量与人才拥有量比较差的人数，即预测期内需要补充的人数。

3. 企业单位对物联网专业学生素质要求

物联网工程技术员是指从事物联网架构、平台、芯片、传感器、智能标签等技术的研究和开发，以及物联网工程的设计、测试、维护、管理和服务的工程技术人员。

物联网工程技术员主要工作任务如下：

1）研究、应用物联网技术、体系结构、协议和标准。

2）研究、设计、开发物联网专用芯片及软硬件系统。

3）规划、研究、设计物联网解决方案。

4）规划、设计、集成、部署物联网系统并指导工程实施。

5）安装、调测、维护并保障物联网系统的正常运行。

6）监控、管理和保障物联网系统安全。

7）提供物联网系统的技术咨询和技术支持。

智能制造业、智慧农业、智能家居、智能交通与车联网、智能物流以及消费者物联网产业等都是物联网人才需求的重点领域。随着物联网技术逐步成熟，我国物联网技术处于高速发展期，技术实现进入大规模应用阶段，研发型人才的比例正在逐渐降低，技术型和技能型人才比例随之高速增长。根据工作任务分类，市场上物联网工程技术员的职业发展通道主要分为以下四个方向，按下方描述次序四个方向岗位的比例预测约为1:4:6:9。

1）研究型岗位：工作内容主要是底层软硬件技术的研究。

2）研发型岗位：工作内容主要是负责物联网软硬件系统的开发。

3）技术型岗位：工作内容主要是负责物联网系统规划、设计、集成、技术咨询。

4）技能型岗位：工作内容主要是系统部署实施、运维管理等技术支持服务。

4. 编制职业岗位调研报告

调研报告是指对某一情况、某一事件、某一经验或问题，经过在实践中对其客观实际情况的调查了解，将调查了解到的全部情况和材料进行"去粗取精、去伪存真、由此及彼、由表及里"的分析研究，揭示出本质，寻找出规律，总结出经验，最后以书面形式陈述出来的一种写作方式。

调研报告的核心是实事求是地反映和分析客观事实。调研报告主要包括两个部分：一是调查，二是研究。调查，应该深入实际，准确地反映客观事实，不凭主观想象，按事物的本来面目了解事物，详细地占有材料。研究，即在掌握客观事实的基础上，认真分析，透彻地揭示事物的本质。至于对策，调研报告中可以提出一些看法，但不是主要的。因为对策的制定是一个深入的、复杂的、综合的研究过程，调研报告提出的对策是否被采纳，能否上升到政策，应该经过政策预评估。岗位工作分析是指系统全面地确认工作整体，以便为管理活动提供各种有关工作方面的信息所进行的一系列工作信息收集、分析和综合的过程。岗位工作分析是人力资源管理工作的基础，其分析质量对其他人力资源管理模块具有举足轻重的影响。

通过对工作输入、工作转换过程、工作输出、工作的关联特征、工作资源、工作环境背景等的分析，形成工作分析的结果——职务规范（也称作工作说明书）。职务规范包括工作识别信息、工作概要、工作职责和责任，以及任职资格的标准信息，为其他人力资源管理职能的行使提供方便。

任务实施前必须先准备好以下设备和资源。

序　号	设备/资源名称	数　量	是否准备到位（√）
1	计算机	1台	
2	Office软件	1套	

1. 资料收集与整理

在进行物联网设备装调与维护岗位调研之前，需要先查找物联网相关岗位招聘计划，这是任务实施的第一步。首先根据自己的职业规划遴选适合自己的岗位招聘信息，仔细阅读、理解招聘计划中列出的岗位职责和任职要求。

调查和收集物联网设备装调与维护的招聘信息和岗位要求。

2. 调研表设计与制作

在调研过程中，需要设计并制作调研表，用于进行数据调研。调研表里需要有调研的时间、地点、对象、内容等基本元素，见表1-8。

表1-8 调研表

序　号	调研时间	地　点	调研对象	调研内容
1	2021年5月3日	重庆	X公司	行业人才需求素质模型、岗位技术要求等
2	2021年7月12日	四川	X分公司	
3	2021年8月10日	福建	X分公司	
4	……	……	……	

3. 调研结果分析

分析阶段是对调查阶段所获得的信息进行分类、分析、整理和综合的过程，也是整个分析活动的核心阶段。根据调查的结果分析，制作个人能力和岗位匹配分析表见表1-9。

表1-9 个人能力和岗位匹配分析表

岗　　位	岗位职责及要求	个人知识、技能、特长证明支撑	匹配得分（1~10）
物联网项目设备施工工程师	大专及以上学历，物联网/计算机/通信等相关专业	XXX学校 物联网专业高职毕业证	10
	具备较强的责任心，工作积极主动，良好的团队合作精神	从事物联网工程项目工作5年，在X项目中担任现场方案设计师，X项目中担任现场施工经理，X项目中担任项目副经理	10
	物联网设备配置调试	从事物联网工程项目工作5年，在X项目中担任现场施工工程师	10
	……	……	

4. 总结及完成阶段

总结及完成阶段是调研工作分析的最后阶段。这一阶段的主要任务是在深入分析和总结的基础上完成岗位调研，填写"个人能力和岗位匹配分析表"，对调研过程中的问题进行总结、反思与改进，提交所有调研结果相关的文字材料以及支撑材料。

任务小结

通过对物联网设备装调与维护职业岗位调研，学生对自己选择的专业有了一定的了解，可进行比较客观的自我分析，明确自己的目标和找到适合自己的职业及岗位，调整自己的职业发展路线。

本任务相关的知识技能小结思维导图如图1-5所示。

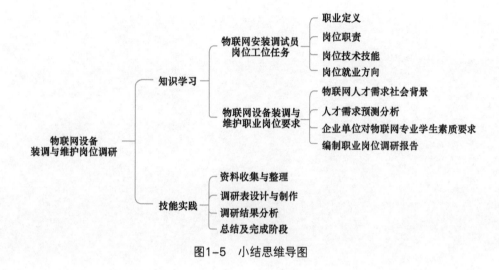

图1-5　小结思维导图

项目②

智慧物流——仓储管理系统设备检测与安装

引 **导案例**

近年来，随着电商行业的不断发展，物流行业的发展规模也越来越大。仓储作为物流货品源头及中转的重要储存区域，承担着举足轻重的作用。然而，一般仓储存储的货物均有多、繁、杂等特点，导致其管理困难。因此，针对智慧物流中的仓储，建设相应的仓储管理系统对其进行管理与监控已变得非常重要。

针对仓储管理系统的建设，可通过物联网、云计算、大数据等技术，以配置二维码扫描枪及其配套设施设备的方式，实现对其仓储内部的物资管理；以及通过在仓储房间内部部署人体红外传感器、噪声传感器、视频摄像头、温湿度传感器、烟雾传感器等设备实现对整个仓储环境的监控，具体情况如图2-1所示。

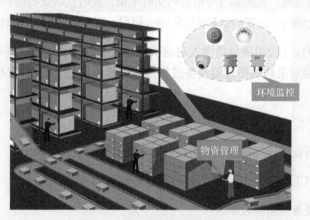

图2-1 仓储管理系统示意图

在图2-1中，为了实现仓储管理系统的功能，需要采购相应的软件系统和硬件设备等完成仓储管理系统的搭建。本项目将重点介绍仓储管理系统设备的检测与安装方法和流程，为仓储管理系统工程实施与系统功能实现打下基础。

任务1 仓储管理系统感知层设备开箱与检测

职业能力目标 ◀

- 能根据项目产品规格、参数要求，准确核对进场传感器设备，完成设备一致性判断

- 能根据设备清单准确核对进场设备与配件（辅料、辅材、工具）是否齐全，并通过产品外观判断产品的完好性

- 能使用物联网设备检测工具对物联网系统中感知层常见设备进行检测，根据检测结果判断设备好坏

任务描述与要求 ◀

任务描述： N公司从事物流仓储运输行业，现需要对公司的物流仓库进行升级改造，建设智能化的仓储管理系统，实现货物入库、出库等信息处理功能，另外还需对仓储的环境进行严格管控，例如对仓储温湿度、光照强度等信息的实时采集，及时反映货物是否处于适宜的存储环境中，同时能够采集仓储所在位置的烟雾浓度和焰火信息，以便及时应对异常情况的发生。

作为项目承接方，L公司项目负责人对这次升级改造进行了详细规划并采购了相关设备，在搭建该系统前需要对采购的传感器设备进行开箱验收，员工NA承接了感知层设备开箱验收的任务。

任务要求：

- 设计并编制仓储管理系统感知层设备开箱验收单

- 根据物联网工程项目中设备进场流程和规范进行设备开箱检测

- 规范填写设备开箱验收单

仓储环境监控
系统设备检测

知识储备 ◀

一、常用的物联网设备检测工具

在物联网系统中，感知层和网络层都有大量的硬件设备，物联网工程实施人员在进行设

备安装调试之前，通常需要先进行设备的检测。设备检测需要现场观察，借助万用表、网线检测器、ZigBee信号检测仪、串口调试助手等本地使用的软硬件工具并结合设备工作状态，判断设备是否正常并记录，若设备有故障或损坏，需要更换设备。

1. 硬件检测工具

在物流仓储管理系统中，包含了多种传感器设备、无线通信设备、自动识别设备以及网络传输设备等。要对这些设备进行检测，需要使用各种设备检测工具，下面主要介绍一些常用的物联网设备硬件检测工具。

（1）万用表

万用表是物联网系统装调与运维中最为常见的检测工具，同时也是电力、电子等部门不可缺少的测量仪表。一般万用表可测量直流电流、直流电压、交流电流、交流电压、电阻和电路通断等，有的万用表还可以测音频电平、电容量、电感量以及一些半导体器件参数。万用表按显示方式分为指针万用表和数字万用表，目前市场上常见的是数字万用表。在使用万用表进行测量时需要重点注意以下几个方面：

1）在使用前应熟悉万用表的各项功能，根据被测量的对象，正确选用档位、量程及表笔插孔。

2）在对被测数据大小不明时，应先将量程开关置于最大值，然后由大量程向小量程处切换。

3）在测量某电路电阻时，必须切断被测电路的电源，不得带电测量。

4）在使用万用表的过程中，不能用手去接触表笔的金属部分，这样一方面可以保证测量的准确性，另一方面也可以保证人身安全。

5）在测量某一电量时，不能在测量的同时换档，尤其是在测量高电压或大电流时更应注意。否则会使万用表毁坏。如需换档，应先断开表笔，换档后再去测量。

6）万用表使用完毕，应将转换开关置于OFF档。如果长期不使用，还应将万用表内部的电池取出来，以免电池腐蚀表内其他器件。

物联网设备装调中通常使用数字万用表测量电压、电流、电阻、线路通断等。下面对这些参数的具体测试方法进行介绍。

1）通断测量。

将旋钮旋到蜂鸣档的位置，正确插入表笔并使笔针交叉，如果听到蜂鸣声，即万用表可以正常使用，如图2-2a所示。

将万用表的表笔分别接被测线路两端，如果线路短路，则会听到蜂鸣器的报警声；如果线路断开，则不会出现报警声，由此可以判断线路的通断。测量时的连接方法如图2-2b所示。在实际应用中，当设备连接电源后，设备的电源指示灯不亮，则可以使用该功能测试供电电源端和设备电源接口是否连通，二者之间连接的电源线是否存在故障。

2）电阻测量。

在测量电阻时，首先要确认已经关闭电路电源，否则会损坏万用表或电路板。接下来将黑色和红色表笔分别插入"COM"和"VΩ"孔中，把旋钮旋到欧姆档中所需的量程，用表笔接在电阻两端金属部位，测量中可以用手接触电阻，但不要把手同时接触电阻两端，否则会引入人体电阻，从而影响测量精确度。测试连接如图2-3所示。

在进行读数时，要保持表笔和电阻有良好的接触。在"200Ω"档时单位是Ω，在"2k"到"200k"档时单位为kΩ，"2M"以上的单位是MΩ。此外，在进行低电阻的精确测量时，必须从测量值中减去测量导线的电阻。

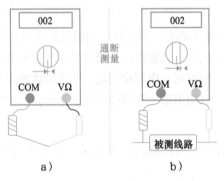

图2-2　万用表检查线路通断示意图
a）检测功能示意图　b）使用连接示意图

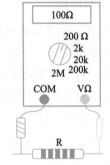

图2-3　万用表测量电阻
连接示意图

3）电压测量。

万用表表盘上的数值均为最大量程，"V-"表示直流电压档，"V～"表示交流电压档，"A"是电流档，使用时根据被测量对象准确选择相应的档位。测量电压时要把万用表表笔并联接在被测电路上，根据被测电路的大约数值选择一个合适的量程位置，保持接触稳定。数值可以直接从显示屏上读取，若显示为"1."，则表明量程太小，要加大量程后再测量。如果在数值左边出现"-"，则表明表笔极性与实际电源极性相反，此时红表笔接的是负极。

在进行交流电压的测量时表笔插孔与直流电压的测量一样，但应该将旋钮旋到交流电压档"V～"处所需的量程。交流电压无正负之分，测量方法跟前面相同。无论测交流还是直流电压，都要注意人身安全，不要随便用手触摸表笔的金属部分。直流电压测量和交流电压测量如图2-4所示。

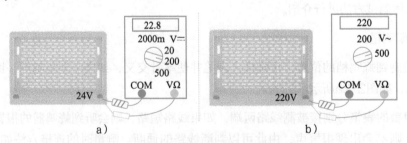

图2-4　直流电压和交流电压测量示意图
a）直流电压测量　b）交流电压测量

4）电流测量。

万用表有多个电流档位，对应多个取样电阻，测量时将万用表串联在被测电路中，选择对应的档位，流过的电流在取样电阻上会产生电压，将此电压值送入A—D模数转换芯片，由模拟量转换成数字量，再通过电子计数器计数，最后将数值显示在屏幕上。测量电流时应将万用表串联接入被测电路，选择合适档位，通过液晶显示屏观察测量结果。测量示意图如图2-5所示。

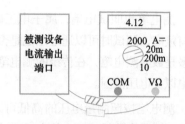

图2-5　直流电流测量示意图

（2）网络测试仪

网络测试仪主要用于检测网络系统中的故障，是网络检测和网络施工过程中必不可少的工具。网络测试仪在局域网系统和数据中心中，可以帮助网络管理员快速定位故障；在网络综合布线施工中，可以帮助施工人员快速而准确地检测网线接通质量、进行网线端口定位；在宽带业务领域，用于快速定位宽带故障；在网络机房中，可以减少管理员排查故障的时间。

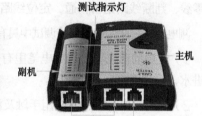

图2-6　网络测试仪的接口及功能示意图

目前市面上的有线网络测试仪，常见的有网线检测仪和多功能寻线仪等。下面以网线检测为例介绍网络测试仪的使用方法。在使用网络测试仪前需要了解测试仪的接口和指示灯功能。某网线检测仪的接口及功能示意图如图2-6所示。

网线测试仪可以对双绞线1~8、G线对逐根（对）测试，并可区分判定哪一根（对）错线、短路和开路。测试连接示意图如图2-7所示。

图2-7　网线测试连接示意图

具体测试方法为：

1）将检测仪的电源打开，确定检测仪能够正常通电。

2）网线检测仪在测量时，先将电源开关关闭，需要将一条网线的两端，一端接入该测试仪主机的网线接口上，另一端接入测试仪副机的网线接口上。然后将主机上的电源打开，观看测试灯的显示状况。

3）观察主机和副机两排显示灯上的数字，是否同时对称显示，若对称显示，则代表该网线良好；若不对称显示或个别灯不亮，则代表网线断开或制作网线头时线芯排列错误。

除了简单的网线通断检测以外，网络测试仪的主副机可以分离，进行远距离的对线测试，确定两端的对应关系，实现简单寻线功能。除了简单的网线检测功能以外，目前市场上厂商生产的网络测试仪种类繁多，部分功能强大，在此不进行一一介绍，用户在使用时，只需要认真阅读使用手册，严格按照使用说明进行操作即可。

（3）测电笔

测电笔也叫试电笔，属于电工电子类工具，用来测试电线中是否带电。测电笔笔体中设计有氖泡，测试时可以通过氖泡是否发光来判断被测体是否有电或为通路的火线。目前市面上大多是数显测电笔，在传统的测电笔基础上，增加了数字显示屏，可以直观地显示被测体是否带电以及电压范围。

测电笔按照测量电压的高低可以分为高压测电笔、低压测电笔和弱电测电笔，按照接触方式可以分为接触式测电笔和感应式测电笔。测电笔的主要功能有：测量线路中任何导线之间是否同相或异相、判别交流电和直流电、判断直流电的正负极和是否接地、判断交流电的火线和零线、判断线路是否畅通、定位线路断点、漏电检测等。

测电笔在物联网设备安装调试中具有很高的实用性，测电笔使用时需要注意以下几个方面：

1）使用前首先要检查测电笔里有无安全电阻，再直观检查测电笔是否有损坏，有无受潮或进水，检查合格后才能使用。

2）使用测电笔时，不能用手触及测电笔前端的金属探头，否则会造成触电事故。

3）在测量电气设备是否带电前，先要找一个已知电源测一下测电笔的氖泡能否正常发光，能正常发光时才能使用。

4）在明亮的光线下测试带电体时，应特别注意氖泡是否发光，必要时可用另一只手遮挡光线仔细判别。

下面以目前市场上常见的数显测电笔为例，对其使用方法进行介绍。数显测电笔通常有指示灯、显示屏和按键开关等功能单元。其中，显示屏用于显示测试结果，按键用于用户选择不同的测试功能，部分测电笔设计有LED指示灯，用于测试结果指示。数显测电笔的外观及功能如图2-8所示。

功能按键

数显显示屏

图2-8　测电笔的外观及功能示意图

1）测试火零线：按住测电笔的直接检测按钮，将电笔笔尖触达火零线位置，测试结果显示为"12/26/55/110/220V"时表示是火线，显示为"12V"时表示零线。

2）测试是否带电：直接将测电笔的笔尖触碰待测物体，如果指示灯或者显示屏点亮，则表示被测物体带电，反之则是没电，这种方式可以用于检测设备是否存在漏电现象。

3）线路断点检测：按住感应断点检测按钮，笔尖靠近导线，如果该位置有电，显示屏会出现闪电符号。顺着导线进行移动，观察显示屏上的闪电符号是否消失，如果消失，则表示此处为断点。

4）测直流电：按住直接检测按钮，用手碰触直流电源的其中一端，用测电笔笔尖碰触另外一端，如果显示屏或指示灯点亮，则表示该电源有电。

2. 软件检测工具

在物联网设备安装与维护中，通常需要对设备进行检测、配置与调试。除了使用硬件工具以外，往往还需要结合调试软件进行测试。常见的通用调试软件有基于串口通信的串口调试工具、无线通信信号测试软件、基于网络通信的TCP&UDP调试软件等。很多物联网终端设备生产厂商也会提供设备相应的配置和调试软件，但这些厂商所提供的软件通常只支持厂家自身所生产的产品，通用性较差，但使用较为方便。

通常测试硬件设备需要用串口输出一些调试信息，或者使用串口对设备进行配置与检测。物联网终端硬件设备往往使用RS-232、RS-485等接口，只有少数设备带有USB接口等。传统台式计算机支持标准RS-232接口，但是带有串口的笔记本计算机很少见，要将这些物联网设备连接到计算机上，必须进行接口转换，例如RS-485转RS-232接口转换器（见图2-9a）、RS-232转USB接口转换器（见图2-9b）等。通过接口转换器，实现物联网终端设备和计算机之间的硬件连接。在进行检测、配置或者功能测试前，还需要安装转换器相应的驱动程序，以保障计算机上的调试软件能够正常使用。

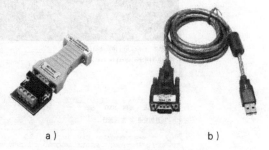

a)　　　　　　　　　b)

图2-9　常见接口转换器示意图

a）RS-485转RS-232转换器　b）RS-232转USB转换器

（1）串口调试助手

串口调试助手是串口调试相关工具，有多个版本，支持各种常用波特率及自定义波特率，可以自动识别串口，能设置校验位、数据位和停止位，能以ASCII码或十六进制接收或发送任何数据或字符，可以任意设定自动发送周期，并能将接收数据保存成文本文件，能发送任意大小的文本文件。

在物联网系统中，将支持串口配置的硬件设备通过接口转换器连接到PC，就能通过串口调试工具对其进行配置与测试。常用的串口调试工具有sscom32、XCOM V2.0、Uart Assist、串口调试助手等。其中XCOM V2.0串口调试助手界面如图2-10所示。无论使用哪种串口调试工具，都需要注意串口参数的配置，特别是COM口序号、波特率等的选择必须和硬件相匹配。

在实际应用中，以RS-485或RS-232接口输出的传感器、无线通信的DTU等，通常都可以使用串口调试助手进行检测、配置与调试。

（2）无线通信信号测试软件

在物联网系统中，通常会使用各种网络设备，其中包括有线网络设备和无线传输设备，要对无线传输设备进行检测，则往往需要配合无线通信信号的测试软件进行。根据设备所采用的无线传输协议，需要选择不同的测试工具和软件，例如WiFi信号分析仪、移动信号测试软件、LoRa信号检测仪、ZigBee信号分析仪等。这些信号测试软件，除了可以检测设备，是否正常工作以外，还能对无线通信的信号质量、网络参数等进行测量，在设备装调和运维过程中有着非常广泛的应用。下面以WiFi信号分析仪为例简单介绍其功能及使用方法。

图2-10　XCOM V2.0串口调试助手界面

由于Wi-Fi信号分析仪的使用频率较高，市面上有多个不同版本的Wi-Fi软件分析仪，如Speedtest、Wi-Fi Analyzer、inSSIDer、WirelessMon等，如图2-11所示。这些软件通过不同的信号查看模式，让用户非常直观地看到每个Wi-Fi热点信号的详细情况，例如，在当前区域Wi-Fi的信号强度和信道曲线图中，Wi-Fi信号强度的抛物线顶点越高代表Wi-Fi信号越强。同时，它们还可以搜索附近的热点，收集每个无线网络的详细信息。除了提供信号强度、信道等基本功能外，还能搜索到加密方式、最大速率以及MAC地址等信息。此外，还可以查看每个时间段不同Wi-Fi的信号强度和稳定性。

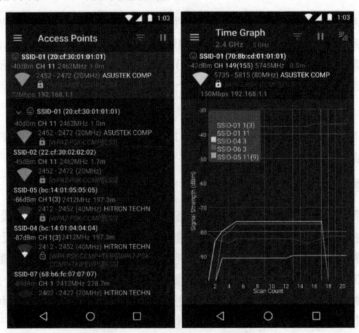

图2-11　Wi-Fi Analyzer使用界面

在物联网设备安装调试时，当配置完无线路由器或者其他Wi-Fi的AP设备，就可以使用Wi-Fi分析软件对设备的工作情况进行检测和验证。大部分无线信号分析软件都是免费的，一般有计算机和手机两种版本供用户使用，个别软件还提供在线测试。

（3）TCP与UDP测试工具

在进行物联网设备装调时，往往需要检测通信网络是否连接成功，常用的测试软件有网络调试助手、TCP/UDP测试软件等。网络调试助手是一款集TCP/UDP服务端和客户端于一体的网络调试工具，软件功能强大，服务端可管理多个连接，客户端也可以建立多个连接，各自独立操作，管理方便。部分网络调试工具还有数据格式解析的功能。网络调试助手分为PC端和手机端应用软件，软件界面简单、实用性强，可以帮助网络应用设计、开发、测试人员检查所开发的网络应用软硬件的数据收发情况，提高开发的速度，是网络应用开发及调试中必备的专业工具。网络调试助手测试界面如图2-12所示。

图2-12　网络调试助手测试界面

网络调试助手在使用时，首先需要根据网络连接方式选择TCP或者UDP，再设置设备类型，通常指是客户端还是服务器端，然后设置本机地址、需要连接的远程主机的地址以及端口号，最后选择发送和接收的数据格式，设置完成后，单击"连接"按钮，连接成功后就可以进行通信连接的测试了。如果连接失败，则代表网络通信设备存在故障或者网络调试助手中的关键参数设置有误，需要进行故障排查。

二、物联网项目设备开箱验收流程

1. 开箱验收要求

物联网工程实施中，设备进场后需要先进行开箱检查，符合设计要求和施工要求后再进行检测、安装与调试。在设备交付现场安装和调试前，通常由项目建设单位、监理单位和承建单位共同按照设备装箱清单和项目相关文件对安装的设备的外观质量、数量、文件资料及其与实物的对应情况进行检验、登记，查验后，多方签字见证、移交保管单位保管（保管单位通常为承建单位）。若发现设备有缺陷、缺件、设备及附件与装箱单不符、装箱资料不齐全等情况，应在设备开箱检验记录单上如实做好记录，参加开箱验收人员均应签字。验收完成后，要求材料供应商按时间要求提供所缺资料或设备，更换不符设备。进场设备质量应符合下列要求：

1）设备型号、规格、数量、性能、安装要求应与合同文件、设计图纸和技术协议要求相符。

2）设备安装环境及使用条件应符合本项目的具体要求。

3）设备技术性能、工作参数以及控制要求应满足设计要求。

4）外观是否完整、完好，表面无划痕及外力冲击破损。

5）必须有完整的安装使用说明。

6）必须有厂家出具的合格证或铭牌。

2. 开箱验收流程

开箱检验是对货物的外观质量、数量、文件资料与实物对应的检验，开箱前对包装质量先进行验收。开箱验收的主要流程如下：

1）检查设备的外包装是否完好，有无破损情况。

2）设备开箱，清点设备及附件是否与装箱单相符合，装箱单是否与合同相符合。

3）检查设备外形是否完好，接口与工艺设计是否相符合。

4）检查装箱资料是否齐全，一般包括设备清单和说明书、设备总图、基础外形图和荷载图、性能曲线、使用维护说明、出厂检验和性能试验记录等。

5）填写项目设备进场开箱验收单。项目设备进场开箱验收单格式应根据各行业相关规范、监理单位要求编制。

6）进场验收完毕后，未进行安装的设备应妥善存放、保管。

开箱验收除了记录开箱检验相关数据外，还要拍照记录。通常实施过程和后期的拍照记录文件一同整理，形成照片档案进行存档。一般提供电子档1份，按规定尺寸印刷的纸质版1份。部分工程客户无要求可不进行照片档案编制，但仍需拍照记录，作为工程实施汇报素材使用。

三、常用物联网感知层设备及检测方法

物联网系统体系结构主要由感知层、网络层、平台层和应用层组成。其中，感知层主要完成数据采集、处理和汇聚等功能，即通过传感网络获取环境信息。感知层是物联网的核心，是信息采集的关键部分。在物联网应用系统中，感知层的常见设备有自动识别设备、传感器设备、执行器设备等。

在进行物联网感知层设备检测之前，首先要熟悉系统功能及主要设备类型。通过系统中设备的产品说明书和用户手册，明确每个设备的电源接口和信号接口的基本信息，如名称、数量、功能、正常时的状态等。此外，根据要检测的设备类型，准备好设备和检测工具，依次摆放在检测区域内。每个设备及其电源和相关导线放在同一个区域，便于检测。随后依次检测各个设备，并做好检测情况记录，检测记录需要包含设备名称、检测工具、检测方法、设备状态说明、维修建议、检测人员和检测时间。

1. 自动识别设备及检测方法

自动识别设备是指利用自动识别技术，获取识别对象的信息，以便传输到后台进行处理的设备。自动识别设备可以按照所使用的自动识别技术进行分类，也可以根据实际的应用领域进行分类。按照识别技术，可以分为射频识别设备、条码识别设备、生物识别设备、图像识别设备、IC卡/磁卡识别设备、光学字符识别设备等。也可以根据实际应用领域分为物流识别设备、医疗识别设备、门禁识别设备等。本书将以常见的射频识别设备和条码识别设备为例，介绍其功能、接口及检测方法。

（1）射频识别设备检测

射频识别（Radio Frequency Identification, RFID）设备主要包括读写器、电子标签、天线等。其中读写器是用于读取或写入标签信息的设备，可设计为手持式读写器或固定式读写器；标签是由耦合元件及芯片组成，每个标签具有唯一的电子编码，附着在物体上标识目标对象，它具有信息存储功能，能接收读写器的电磁场调制信号，并返回响应信号的数据载体；天线用于在标签和读取器间传递射频信号，电子标签和读写器中均设置有天线。射频识别读写器和标签外观示意图如图2-13所示。

读写器　　　　　电子标签

图2-13　射频识别读写器和标签外观示意图

RFID读写器按照频率的不同分为低频（LH）、高频（HF）、超高频（UHF）、微波读写器；根据形式分为桌面发卡器、手持式读写器和固定式读写器。RFID读写器通信接口一般有串口、RS-485、USB接口、韦根接口、HID接口、TCP/IP网口、CAN接口等。在选型时，需要结合系统功能需求，分析选择哪种接口类型的读写器。

在仓储管理系统中，经常会使用到RFID读写器和扫描仪等自动识别设备。这些设备通常带有USB接口，可以和PC连接使用。生产厂家通常会提供相应的应用软件，便于设备检测和使用。在进行设备检测前，需要先做好准备工作，主要有：

1）先进行开箱检查，确认设备包装及配件资料符合开箱验收规范。

2）认真阅读设备的用户使用手册，熟悉设备功能特点。

3）观察设备的功能接口，结合用户手册，选择相应的检测工具和软件。

完成上述准备工作后，就可以对设备进行具体的检测了。常见的射频识别设备的检测方法及流程如下：

1）按照用户手册给射频识别设备上电，观察电源指示灯是否点亮，判断设备能否正常上电。

2）设备上电后，注意观察其工作状态指示灯是否符合用户手册描述，或者部分射频识别设备的内置蜂鸣器是否会发出相应的提示音。

3）设备断电，通过数据线或者接口转换器连接到PC上，在PC上找到设备所使用的端口号，打开上位机测试软件，设置端口号。

4）使用电子标签接近视频识别设备的读卡器，观察上位机测试软件是否有读取到的卡片信息输出，部分读卡设备会有蜂鸣器发出正常采读卡片信息的提示音。

5）更换电子标签接近读卡区域，读卡器将连续读卡，并通过上位机测试软件输出数据。

通过上面的检测方法和步骤，能够判断读写器是否存在故障。如果没有，就可以继续进行设备的配置与安装。射频识别设备使用射频感应读取卡片数据，使用时尽量避免与金属接近，在靠近金属时，射频电波将被金属吸收屏蔽，而会导致识别距离缩短。同时射频识别设备安装位置应该远离电动机、变压器等设备，以减少对射频识别效果的影响。

（2）条码识别设备检测

条码识别技术是指利用光电转换设备对条码进行识别的技术。条码识别设备常见的是条码扫描器，又称为条码阅读器，它是用于读取条码所包含信息的阅读设备，利用光学原理，把条码的内容解码后通过有线或者无线的方式传输到计算机。条码识别设备可识读各类主流一维条码及标准二维码，可以轻松读取纸张、塑料卡、LCD等各种印制介质和显示介质上的条码，性能强大，因此广泛应用于公共交通、生产管理、物流运输、食品溯源等领域。

条码识别设备通常带有USB接口、串行通信接口、韦根接口、RS-485接口等，其中最常见的是USB接口。条码识别设备通常提供RS-232串行通信接口和USB接口与主机进行通信连接。经由通信接口，可以接收识读数据、对扫描器发出指令进行控制，并更改扫描器的功能参数等。

条码识别设备的检测方式通常需要配合测试软件进行，例如常见的扫描枪，可以连接PC并使用上位机软件进行检测；超市常见的自助收银设备，则可以连接手机，使用手机APP进行测试。以PC检测为例，条码识别设备的检测方法和步骤主要有：

1）外观检测：首先接通电源，检查设备的电源指示灯是否正常。如果内部有严重硬件故障，那么即使是连接上电源，指示灯也不会正常显示。

2）使用设备USB接口与主机相连，主机可以是PC或者带有USB、RS-232接口中任意一种的智能终端。

3）确保条码识别设备、数据线、数据接收主机和电源等已正确连接后开机，将扫描设备对准条码中心，移动条码找到最佳读距离进行识读。

4）观察主机测试软件的界面，是否出现解码后的数据，如果出现说明条码识别设备正常，否则需要进行故障排查或者更换设备。

2. 数字量传感器及检测方法

传感器属于物联网的神经末梢，成为人类全面感知自然的最核心元件。传感器种类繁多，可以根据其测量原理、功能、输出信号类型、封装等多种方式进行分类，按照输出信号形式可以分为模拟量传感器、数字量传感器和开关量传感器。在物联网设备装调与维护中，通常只需要进行传感器设备的安装、调试与维护，因此需要熟悉传感器的功能、信号接口，外观封装等基础知识。

数字量传感器是指将传统的模拟传感器通过A—D转换，使之输出信号为数字量(或数字编码)的传感器。数字传感器内部主要功能单元有放大器、A—D转换器、微处理器（CPU）、存储器、通信接口、温度测试电路等。随着微处理器和传感元件成本降低，通过人工指令进行高层次操作，自动处理低层次操作的软件系统，可以使传感器设备包含更多智能性功能，能够从环境中获得并处理更多不同的参数，尤其是MEMS（微型机电系统）技术，它使数字传感器的体积非常微小，并且能耗与成本也很低。

通常所说的数字量传感器是指输出信号为TTL电平信号的模块，这类型的模块需要通过MCU读取其信号并转换成测量值输出或显示。为方便集成，往往将数字量传感器通过协议转换，以标准的工业接口输出，如RS-485接口、RS-232接口等。在物联网系统中，通常使用这种具有标准接口输出的传感器设备。RS-485和RS-232接口功能引脚说明见表2-1。

表2-1 RS-485和RS-232接口功能引脚说明

接 口 名 称	功能引脚描述		
RS-232（DB9）	DCD：载波检测	RXD：数据接收端	TXD：数据发送端
	DTR：数据终端准备好　SG：信号地		DSR：数据准备好
	RTS：请求发送	CTS：清除发送	RI：振铃提示
RS-485	VCC：电源　GND：地　485 A：RS-485 A端　485 B：RS-485 B端		

数字量传感器的检测通常使用计算机上的串口调试助手进行通信，测试其能否正常工作。具体的检测方法和流程如下：

1）在上电之前，先观察传感器的外观和接口是否完好。

2）使用万用表蜂鸣档测量传感器的电源和接地端，观察是否存在短路现象，如果短路，则说明设备损坏。

3）阅读传感器用户手册，按照供电说明为传感器连接电源，开启电源后，观察传感器是否有过热现象，个别传感器带有显示功能和指示灯，可以观察显示和指示灯是否正常。

4）关闭电源，将传感器通过转换器和计算机连接，确认连线无误。

5）开启电源，打开串口调试助手，选择COM口和波特率。

6）根据用户手册发送读取参数的命令，观察是否有返回值。

7）改变环境中传感器测量参数，观察返回值是否相应的发送变化，如果有，则说明传感器工作正常。

3. 模拟量传感器及检测方法

模拟量传感器发出的是连续信号，用电压、电流、电阻等表示被测参数的大小。目前市场上各种不同功能的传感器通常都有模拟信号输出型和数字信号输出型。模拟量传感器输出信号类型有电压、电流、频率等，目前市场上较多的是电流信号或是电压信号输出。电流信号在传输中具有抗干扰能力强、传输距离远等优点，被广泛应用。目前，传感器24V供电、4～20mA电流输出，已经成为一种工业标准。电压输出型，即将测量信号转换为0～5V或者0～10V电压输出，这类型传感器后续可以通过模拟—数字转换电路转换成数字信号供单片机读取、控制。频率（脉冲）输出的传感器将被转换量转换成对应的频率信号，一般呈矩形波，频率一般是200～1000Hz且与幅度无关，有抗干扰、传输距离长的优点。

模拟量传感器输出方式有电流型和电压型，无论是电流型信号还是电压型信号，以提供信号仪表、设备线缆的条数为准，分成四线制、三线制、两线制三种类型，不同类型的信号接线方式不同。四线制信号是指提供信号的设备上信号线和电源线加起来有4根线。提供信号的设备有单独的供电电源，除了两个电源线还有两个信号线；三线制信号是指提供信号的设备上，信号线和电源线加起来有3根线，信号负与供电电源M线为公共线；两线制信号是指提供信号的设备上，信号线和电源线加起来只有2根线。由于模拟量模块通道一般没有供电功能，所以传感器仪表或设备需要外接供电电源。

模拟量传感器的检测通常可以直接使用万用表，电流输出型使用万用表的电流档检测，电压输出型则使用电压档进行检测，具体的检测方法和流程如下：

1）首先观察传感器的外观及接口是否完好。

2）阅读传感器使用说明书，确认传感器的引脚线的功能，确保检测时正确连线。

3）使用万用表蜂鸣档测量传感器电源和地，确保不出现短路情况。

4）将传感器的电源端接到供电设备，信号输出端连接到万用表，注意根据输出信号类别选择合适的万用表档位。

5）开启电源，观察万用表显示数值，改变传感器检测对象参数，观察万用表的测试结果是否相应的发送变化，如果是，则说明设备工作正常。

4. 开关量传感器及检测方法

开关量作为一种物理量通常只有两种状态，例如开关导通和断开的状态、继电器的闭合和打开的状态、电磁阀的通和断状态等。开关量传感器一般是针对输入信号和输出信号的状态来定义。

根据输入信号定义的有开关量采集器、开关量变送器等，是指接收或者采集有序的0/1开关状态，输出所对应的标准信号或者RS-485信号，供后端设备采集器使用的传感器。

根据输出信号定义的情况在实际应用当中更为常见，比如液位开关传感器、温度开关传感器、压力开关传感器、烟雾传感器、人体红外感应开关、接近开关、限位开关、行程开关等。这类型传感器的输出都是继电器信号，可以设置输入信号也就是被测参量的值域范围，当参量值在某个范围内时，控制继电器断开和闭合的状态，从而实现开关量的输出。其中，接近开关、限位开关、行程开关都属于位置传感器。

开关量传感器输出接点信号，根据接点信号可以分为有源开关量传感器和无源开关量传感器。如果设备有独立工作的电源电路，则是有源传感器，反之则是无源传感器。其中无源开关输出具有闭合和断开的2种状态，2个节点之间没有极性，可以互换。常见的无源接点信号有各种开关，如限位开关、行程开关、温度开关、液位开关等；也有各种传感器，如水浸传感器、火灾报警传感器、振动传感器、烟雾传感器和凝结传感器等。

有源开关传感器具有有电和无电的两种状态，2个接点之间有极性，不能反接。市场上常见的有源开关传感器有红外对射传感器、金属接近开关等。

开关量的传感器检测方法相对简单，有源开关量传感器可以通过给传感器供电后，改变传感器检测参数的状态，观察传感器的信号输出，必要时可以配合万用表进行检测。无源传感器可以直接使用万用表对其好坏进行判别。

测量无源传感器时，使用万用表的蜂鸣档进行测量，测量时有一对接点的输出是导通的，则这就是常闭点，另外一对是常开点。此时使用万用表蜂鸣档测常开触点应该是断开的，常闭触点应该是闭合的，改变传感器状态，使传感器的控制电路工作后，常开和常闭的状态与原来相反，视为正常，反之则代表该传感器损坏。

5. 执行设备及检测方法

物联网系统中的执行设备通常泛指可输出信号至外部的控制器件及能够执行控制指令的被控对象。在实际的物联网系统中，控制执行设备常见的有继电器、电磁阀、警示灯、电动机、电动推杆、风扇、加热器、水泵等设备。

在典型的物联网系统中，传感器可以收集信息并路由到控制中心，控制中心根据策略做出决定，将相应的控制命令发送回执行设备执行。下面以常见的执行类设备为例介绍其功能、接口及检测方法。

（1）继电器及检测方法

继电器在控制电路中有独特的电气、物理特性，其断态的高绝缘电阻和通态的低导通电阻，使得其他任何电子元器件都无法与其相比，加上继电器标准化程度高、通用性好、可简化电路等优点，所以继电器应用十分广泛。该设备的主要操作是在不需要人工干预的情况下，通过信号的帮助使其接通或断开。它主要用于用低功率信号控制大功率电路。

继电器按工作原理和结构特性可分为电磁继电器、固体继电器、温度继电器、舌簧继电器、高频继电器、极化继电器等；按动作原理可分为电磁型、感应型、整流型、电子型、数字型等；按继电器的作用可分为启动继电器、量度继电器、时间继电器、中间继电器、信号继电器、出口继电器等。在物联网系统中常见的有中间继电器和时间继电器等。

中间继电器是一种小型的电磁继电器装置，具有切换控制信号或放大任务的功能。在控制方案中，中间继电器一般安装在中间位置，介于小功率控制设备和大容量设备之间。中间继电器外观如图2-14所示。

时间继电器是指当加入（或去掉）输入的动作信号后，其输出电路需要经过规定的准确时间才产生跳跃式变化（或触头动作）的一种继电器。是一种使用在较低电压或较小电流的电路上，用来接通或切断较高电压、较大电流的电路的电气元件。

图2-14　中间继电器外观

随着电子技术的发展，电子式时间继电器在时间继电器中已成为主流产品，采用大规模集成电路技术的电子智能式数字显示时间继电器，具有多种工作模式，不但可以实现长延时时间，而且延时精度高、体积小、调节方便、使用寿命长，使得控制系统更加简单可靠。数显时间继电器及底座外观如图2-15所示。

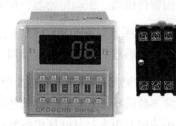

图2-15　数显时间继电器及底座外观

继电器电磁线圈加上额定电压时能正常吸合，失电后能正常复位。在线圈未加电时常闭触点应接通良好，常开触点应保持断开。在线圈加电后常开触点应接通良好，常闭触点应确保断开。因此，通常采用万用表的蜂鸣档检测继电器是否有短路或者断路的情况。

继电器具体的检测方法有：

1）断电情况下检测线圈的阻值，若有阻值说明线圈是好的，阻值通常为几十～几百欧姆。

2）断电情况下检测常闭触点阻值，阻值接近0欧姆，说明是好的；阻值无穷大，说明是坏的；若阻值为几十～几百欧姆，说明触点接触不良，该继电器需要更换。

3）通电情况下观察，给线圈通电时，响了一声，常开触点变为常闭触点，说明继电器线圈是好的。若常开触点一直是常开，那么线圈是坏的。

4）通电情况下检测常开触点阻值，阻值接近0欧姆，说明是好的；阻值无穷大，说明是坏的；若阻值为几十～几百欧姆，说明触点接触不良。

（2）控制对象类执行设备的检测方法

在物联网系统中，常见的作为控制对象的执行设备有电动推杆、警示灯、三色灯、风扇、水泵、加热器等。这些设备通常只有电源接口，因此，进行检测的方式非常简单，即通过给设备供电，观察设备是否正常工作。具体检测方法和流程如下：

1）上电前观察设备外观和接口是否存在问题。

2）使用万用表的蜂鸣档，对设备的供电电源端和接地端进行检测，确认不存在短路的情况。

3）按照设备的使用说明书中的引脚线序说明和供电电压说明，给设备供电，注意供电接线必须准确。

4）开启电源，观察设备是否正常工作。例如警示灯，正常供电后应该会点亮，风扇正常供电后会转动，电动推杆如果电源端接VCC，接地端接GND，会正转，反之则会反转。

5）如果供电正常，设备无法正常工作，则说明设备故障，需要排查或替换。

1. 仓储管理系统感知层设备开箱清点

完成仓储管理系统所需要的感知层设备的开箱清点。本任务使用到的仓储管理系统感知层设备如图2-16所示。

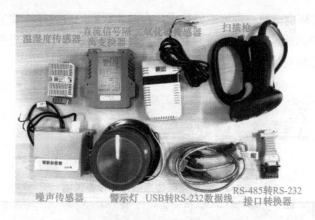

仓储物资管理系统
设备检测与使用

图2-16　仓储管理系统感知层设备

根据图2-16所示的设备，找到设备箱内相应的设备，明确每类设备/资源的名称、数量、品牌、型号，完成表2-2仓储管理系统感知层设备开箱验收清单的填写。

表2-2　仓储管理系统感知层设备开箱验收清单

序号	设备/资源名称	数量	品牌	型号	是否到位（√）
1	噪声传感器	1			
2	温湿度传感器	1			
3	二氧化碳传感器	1			
4	直流信号隔离变换器	1			
5	扫描枪	1			
6	警示灯	1			
7	USB转RS-232数据线	2			
8	RS-485转RS-232接口转换器	2			

2. 仓储管理系统感知层设备检测

请参照知识储备的内容，分别完成噪声传感器、温湿度传感器、二氧化碳传感器、警示灯、扫描枪等设备的检测，做好检测记录。根据检测情况和现场检测记录，填写设备进场检测验收单。

（1）二氧化碳传感器检测

本任务中温湿度传感器和二氧化碳传感器均为RS-485接口输出，其中，二氧化碳传感器检测时的连线方法如图2-17所示。

具体检测方法如下：

1）外观检查：观察传感器外观和功能引脚线，是否存在明显损坏。

2）根据图2-17所示，将传感器的485输出端口通过232转485转换器连接到PC，打开PC的串口调试助手。

3）根据串口转换设备所使用的端口选择串口调试助手的COM口号，设置传感器的默认波特率9600bit/s，选择数据发送和接收格式为HEX格式，打开串口。

4）二氧化碳传感器默认地址为0x01，发送数据读取命令，观察是否有返回值。

5）改变传感器环境参数，观察返回值中代表监测数据的参数是否发生相应的变化，如果发生变化，说明传感器能够正常工作，反之，可能传感器存在故障或者已经损坏。二氧化碳传感器常用命令集返回值见表2-3。

图2-17　二氧化碳传感器检测连线图

表2-3　二氧化碳传感器检测指令说明

指 令 功 能	发送指令及功能	应答命令及含义
读取数据	指令：01 03 00 00 00 01 84 0A 说明：第1个字节代表设备的地址，第2个字节代表功能码，指令功能为读取二氧化碳浓度	指令：01 03 02 09 48 BE 22 说明：返回该命令代表读取数据成功，命令第1个字节代表地址，第4、5个字节代表二氧化碳浓度值

本任务中，温湿度传感器的检测方法与二氧化碳传感器一致，区别在于进行读取时的命令不一样，本任务所使用的温湿度传感器的读取命令及返回值见表2-4。

表2-4　温湿度传感器检测指令说明

指 令 功 能	发送指令及功能	应答命令及含义
读取数据	指令：01 03 00 00 00 02 C4 0B 说明：第1个字节代表设备现在的地址，第2个字节代表功能码，指令功能为读取温湿度值	指令：01 03 04 01 92 00 DE DA 7A 说明：返回该命令代表读取数据成功，命令第1个字节代表地址，第4、5个字节代表温度值，第6、7个字节代表湿度值

（2）噪声传感器检测

本任务中的噪声传感器为模拟电流输出，因此可以使用万用表进行检测，检测连接示意图如图2-18所示。

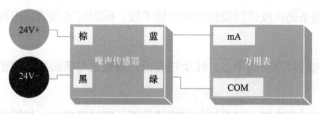

图2-18　噪声传感器与万用表连接示意图

本任务中噪声传感器输出信号为4～20mA电流，将万用表档位调至20mA，则可以通过串联测出噪声传感器的输出电流，具体接线方式可参照表2-5。

表2-5　噪声传感器测量接线说明

噪声传感器引脚	噪声传感器连接对象
棕色线	工位架24V电源端红色引脚
黑色线	工位架24V电源端黑色引脚
蓝色线	万用表红色表针（mA孔）
绿色线	万用表黑色表针（COM孔）

检测时，读取万用表的测量结果进行记录，随后适当改变环境的噪声强度，再观察万用表的电流读数是否发生变化。例如，当环境噪声增强，万用表读取到的电流值应该随之而加大，反之，数值减小，则说明该噪声传感器能够正常工作。

（3）警示灯检测

本任务中的警示灯采用24V直流供电，检测时直接接到电源，连接方式如图2-19所示。

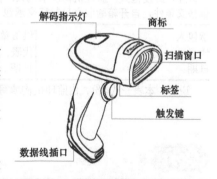

图2-19　警示灯检测连接示意图

连接好后，观察警示灯是否正常点亮，如果正常，则说明设备没有问题，反之，如果警示灯不亮，则说明警示灯损坏，需要进行更换。

（4）扫描枪检测

本任务使用HR22扫描器，该扫描器提供TTL-232串行通信接口和USB接口（可选功能）与主机进行通信连接。经由通信接口，可以接收识读数据、对扫描器发出指令进行控制，以及更改扫描器的功能参数等。图2-20为枪型扫描仪的外观及功能接口示意图。

扫描仪的检测方法与读写器相似，都是通过上电设备或者连接PC，使用测试软件进行检测。其检测步骤主要有：

解码指示灯　　商标

扫描窗口

标签

触发键

数据线插口

图2-20　枪型扫描仪的外观及功能接口示意图

1）外观检测：首先观察设备外观和接口、按钮是否正常，有无损坏情况。

2）将扫描枪USB接口与计算机连接好。

3）确保扫描枪、数据线、数据接收主机和电源等已正确连接后开机。

4）找到待扫描条码，按住扫描仪的触发键不放，照明灯被激活，出现红色照明区域及红色对焦线。

5）将红色对焦线对准条码中心，移动扫描枪并调整它与条码之间的距离，来找到最佳识读距离。

6）听到成功提示音响起，同时红色照明线熄灭，则读码成功，扫描枪将解码后的数据传输至主机。

7）观察解码指示灯是否点亮，点亮则表示解码成功。

（5）填写仓储管理系统感知层设备进场检测验收单

仓储管理系统感知层设备进场检测验收单

合同名称：　　　　　　　　　　　　　　　　　　　　　编号：

_____ 设备于__年__月__日到达____施工现场，设备数量及开箱验收情况如下：

序号	名称	规格/型号	数量/单位	检查								开箱日期
				外包装情况(是否良好)	开箱后设备外观质量(有无磨损、撞击)	备品备件检查情况	设备合格证	产品检验证	产品说明书	检测结果	
1	噪声传感器										
2	温湿度传感器										
3	二氧化碳传感器										
4	警示灯										
5	直流信号隔离变换器										
6	扫描枪										

备注：经发包人、监理机构、承包人、供货单位四方现场开箱，进行设备的数量及外观检查，符合设备移交条件，自开箱验收之日起移交承包人保管。

承包人： 代表： 日期：	供货单位： 代表： 日期：	监理机构： 代表： 日期：	发包人： 代表： 日期：

说明：本表一式4份，由监理机构填写。发包人、监理机构、承包人、供货单位各1份。

任务小结

本任务介绍了常用的物联网设备检测工具、物联网感知层的设备类型、功能、接口及应用、物联网项目设备开箱验收流程以及感知层设备检测方法。通过任务实施，熟悉并掌握仓储管理系统中感知层的主要设备以及进场验收、检测方法。通过本任务的学习，读者可掌握物联网项目设备进场验收流程和注意事项、物联网感知层设备的检测方法，为从事物联网系统安装与调试打下基础。本任务相关的知识技能小结思维导图如图2-21所示。

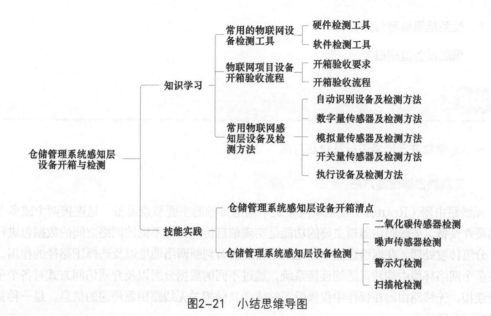

图2-21　小结思维导图

任务2　仓储管理系统数据传输设备开箱与检测

职业能力目标

- 能用配套专用测试工具完成设备的检测并通过检测结果判断设备是否正常

- 熟悉物联网中数据传输设备的接口，能够正确地给设备供电并完成设备检测的线路搭建

- 能根据数据传输设备的用户使用说明书，正确使用网络设备、无线通信DTU等设备

任务描述与要求

任务描述：员工NA验收完设备后，紧接着就要进行设备的检测。要完成该项工作，需要结合产品说明书，熟悉设备的检测和使用方法；接着使用检测工具与调试软件对各个设备进行检测，及时填写每个设备的检测报告；最后进行整理与汇总，形成"仓储管理系统数据传输设备检测报告"。

任务要求：

- 熟悉设备产品说明书

- 准备设备和检测工具，进行设备检测

- 检测结果整理与分析
- 编制设备检测报告

一、常用物联网网络设备及检测方法

1. 无线路由器检测方法

无线路由器（Router）是物联网系统中网络传输的主要节点设备，是连接两个或多个网络的硬件设备。无线路由器最主要的功能是实现信息传送，对不同的网络之间的数据包进行存储、分组转发处理。在网络通信中，无线路由器具有判断网络地址以及选择IP路径的作用，可以在多个网络环境中构建灵活的连接系统，通过不同的数据分组以及介质访问方式对各个子网进行连接。无线路由器在操作中仅接受源站或者其他相关无线路由器传递的信息，是一种基于网络层的互联设备。

不同厂商所生产的无线路由器外观可能不同，如图2-22所示。但常见的无线路由器一般都有一个RJ-45口作为WAN口，也就是无线路由器到外部网络的接口，其余2~4个口为LAN口，用来连接普通局域网，端口内部有一个网络交换机芯片，专门处理LAN接口之间的信息交换。通常无线路由器的WAN口和LAN之间的路由工作模式采用NAT（Network Address Translation）方式。无线路由器主要的端口及按键功能见表2-6。

图2-22　无线路由器外观

表2-6　无线路由器端口及按键功能

符　　号	名　　称	功　能　描　述
⊙	电源连接孔	外接电源适配器，为其提供工作电源
●	Reset按键	用于恢复出厂设置
无	WAN口	主要用于连接ADSL，即Modem上，连接到外网
无	LAN口	有线连接到计算机或者其他网络设备上

无线路由器需要进行开箱检查和设备检测，开箱检查的流程和方法如下：

1）观察并确认无线路由器外包装完整且没有存在破损情况，若发现封箱标签或包装有损坏，应停止开箱并向设备供应商反映情况，包装完好才能继续开箱验货。

2）打开设备包装、找到设备说明、装箱清单、合格证、厂家标识等。

3）根据装箱清单核对箱内设备及配件是否齐全。

4）观察无线路由器外观及接口是否存在明显损坏。

无线路由器的检测方法有很多，可以与PC连接，登录配置界面进行检测；也可以与PC连接，使用ping命令进行检测；还可以使用手机连接无线路由器，连接成功后使用浏览器登录配置页面进行检测。下面介绍ping命令检测方法和流程。

1）首先将无线路由器接通电源，观察电源指示灯是否点亮。如果电源指示灯不亮，说明设备存在故障。

2）用网线将无线路由器的LAN口与PC相连，将PC的IP地址设置为自动获取。

3）在PC机界面，使用快捷键<Win+R>打开"运行"对话框，输入"cmd"进入命令行界面。

4）根据无线路由器的IP地址，输入ping命令，例如无线路由器地址为192.168.1.1时，输入"ping 192.168.1.1"并按<Enter>键，观察是否有数据包返回，如果有，则说明无线路由器正常。

在无线路由器的检测过程中，可能会出现各种问题，有时候并不一定是无线路由器设备本身的故障，而是其他原因，需要进行排查，不能盲目得出无线路由器故障的结论，需要进一步检查网线是否不通、IP地址是否设置错误等。

2. 交换机检测方法

交换机（Switch）是一种用于电（光）信号转发的网络设备。它可以为接入交换机的任意两个网络节点提供独享的电信号通路。网络交换机是一个扩大网络的器材，能为子网络提供更多的连接端口，以便连接更多计算机设备。

按照应用范围，交换机可以分为广域网交换机和局域网交换机两种类型。广域网交换机主要应用于电信领域，提供通信基础平台。而局域网交换机则应用于局域网络，用于连接终端设备。按复杂的网络构成方式，网络交换机被划分为接入层交换机、汇聚层交换机和核心层交换机。按传输介质和传输速度，局域网交换机可以分为以太网交换机、快速以太网交换机、千兆以太网交换机、FDDI交换机、ATM交换机和令牌环交换机等多种，这些交换机分别适用于以太网、快速以太网、FDDI、ATM和令牌环网等环境。

按架构特点还可将局域网交换机分为机架式、带扩展槽固定配置式、不带扩展槽固定配置式三种产品。此外，交换机还可以按OSI的七层网络模型、交换机可管理性等进行分类。交换机提供了基于终端控制口（Console）、基于Web页面以及支持Telnet远程登录网络等多种网络管理方式。网络管理人员可以对该交换机的工作状态、网络运行状况进行本地或远程的实时监控，纵观全局地管理所有交换端口的工作状态和工作模式。常见的交换机外观及接口如图2-23所示。目前市场上的交换机生产厂商主要有腾达、TP-LINK、华为、水星等，其产品主要根据传输速率分为千兆口交换机、百兆口交换机等，其端口数量常见的有5/8/10/16/24/48等。

图2-23　常见交换机外观及接口

不同厂家和不同类型的交换机外观及接口通常不同，但常见的交换机端口主要有电源端口、网线接口、SFP光口等，部分设备还具有Console端口，交换机上通常设有复位按键、状态指示灯等。交换机的端口及功能见表2-7。

表2-7　交换机的端口及功能

名　称	功　能　描　述
电源端口	外接电源适配器，为其提供工作电源
Reset按键	用于恢复出厂设置
网线接口	RJ-45接口，用于连接网络设备
SFP光口	将千兆位电信号转换为光信号的接口
Console端口	设备的控制端口，用于交换机配置，常见于网管型交换机

交换机的检测方法和无线路由器设备相似，同样可以与PC连接，登录配置界面进行检测；也可以与PC连接，使用ping命令进行检测。下面简单介绍一下登录配置界面的检测方法。

1）选择交换机配套的电源适配器，给交换机上电，观察交换机的指示灯是否正常点亮。

2）将交换机通过网线直接连接到计算机上，设置计算机的IP地址为自动获取，或者设置计算机的IP地址与交换机的IP地址在同一网段。

3）打开计算机的浏览器，输入交换机的IP地址，观察是否能够登录到配置界面。

如果能够正常登录到配置界面，说明设备正常。当发现设备疑似存在故障，但又无法确定设备问题还是网络或接线问题时，如果有多个设备，则可以使用替换法进行排查。将新设备替换疑似故障的设备，按照同样的检测流程，观察新设备是否能够正常工作，如果一切正常，就可以确定之前那个设备是坏的。如果仍然存在问题，则可能是其他设备问题。

3. 网关检测方法

物联网网关是支撑感知控制系统与其他系统互联，并实现感知控制域本地管理的实体。物联网网关可提供协议转换、地址映射、数据处理、信息融合、安全认证、设备管理等功能。从设备定义的角度，物联网网关可以是独立工作的设备，也可以与其他感知控制设备集成为一个功能设备。

在Internet中，网关是一种连接内部网与Internet上其他网的中间设备，也称为"路由器"，而在物联网的体系架构中，在感知层和网络层两个不同的网络之间需要一个中间设备，那就是"物联网网关"。现代物联网智能网关在物联网时代扮演着非常重要的角色，它不仅是连接感知网络与传统通信网络的纽带，还可以实现感知网络与通信网络，以及不同类型感知网络之间的协议转换，既可以实现广域互联，也可以实现局域互联。此外物联网智能网关还需要具备设备管理功能，运营商通过物联网智能网关可以管理底层的各感知节点，了解各节点的相关信息，并实现远程控制。特有的物联网边缘计算能力让传统工厂在数字化转型的过程中实现了更为快速、精准的数据采集及传输。常见的网关外观及接口如图2-24所示。

图2-24　网关外观及接口

网关在物联网应用系统里面起着很重要的核心作用，主要有以下几种形态：

- 无线转无线型：Wi-Fi转433MHz、红外、ZigBee，常用于智能家居应用中；GPRS（2G、3G、4G）转433MHz、红外、ZigBee，常用于工智能工业应用中。

- 无线转有线型：Wi-Fi转RS-485、RS-232、CAN，常用于智能工业应用中。

- 有线转无线型：以太网转433MHz、红外、ZigBee，常用于智能家居应用中。

- 有线转有线型：以太网转RS-485、RS-232、CAN，常用于智能工业应用中。

物联网网关的检测方法有PC配置页面检测、ping命令检测、手机APP检测、厂家配置软件检测等，无论使用哪种方式，都需要先将网关和手机、PC进行连接。网关连接手机通常通过Wi-Fi或蓝牙等无线通信技术。对于如天猫精灵、小爱同学这类智能家居网关，通常带有蓝牙功能，可以使用手机蓝牙和设备建立连接。对于带有Wi-Fi的AP功能的网关，则可以在开启设备后，使用手机或笔记本计算机，在Wi-Fi热点列表中搜索设备对应的AP名称，连接设备。连接设备成功后再进行检测。不同物联网网关的常用检测方法见表2-8。

表2-8　物联网网关的常用检测方法

检 测 方 式	检 测 流 程
PC配置 页面检测	◆ 给网关设备上电，对照用户手册，观察设备指示灯状态是否正常 ◆ 使用PC通过Wi-Fi AP功能或直接通过网线连接网关设备 ◆ 设置PC的IP地址，使其与网关设备在同一网段 ◆ 打开浏览器，输入网关设备IP地址，登录配置界面 ◆ 如果能够正常登录，并进行设置，则说明设备正常

（续）

检 测 方 式	检 测 流 程
ping命令检测	◆ 给网关设备上电，对照用户手册，观察设备指示灯状态是否正常 ◆ 使用PC通过Wi-Fi AP功能或直接通过网线连接网关设备 ◆ 设置PC的IP地址，使其与网关设备在同一网段 ◆ 打开PC开始菜单，运行"cmd"，进入命令行程序，输入指令"ping +网关IP地址"，观察网络是否连通，如果收到字节的返回，则说明设备正常
手机APP检测	◆ 给网关设备上电，对照用户手册，观察设备指示灯状态是否正常 ◆ 使用手机Wi-Fi功能或蓝牙功能，连接网关设备 ◆ 使用手机浏览器登录网关配置界面或使用网关厂家提供的手机APP访问设备；如果能够正常登录或者访问设备，则说明设备正常
厂家配置软件检测	◆ 给网关设备上电，对照用户手册，观察设备指示灯状态是否正常 ◆ 根据网关设备功能，通过有线或无线的方式将PC连接到网关设备 ◆ 确认PC与网关在同一网段 ◆ 打开厂家配置软件，使用配置软件对网关进行通信检测，出现检测成功的提示，则说明网关设备正常

4. 串口服务器检测方法

串口服务器提供串口转网络功能，能够将RS-232/485/422串口转换成TCP/IP网络接口，实现RS-232/485/422串口与TCP/IP网络接口的数据双向透明传输，或者支持MODBUS协议双向传输，使得串口设备能够立即具备TCP/IP网络接口功能，连接网络进行数据通信，扩展串口设备的通信距离。串口服务器的功能是将串行设备转换成可以在TCP网络中使用的以太网设备。例如，传统上只有连接到计算机的串口才能工作的、不具备网络功能的打印机，通过串口服务器可以转换为能联网的打印机，在同一网络的任何计算机都可以使用这台打印机。串口服务器将IP地址和TCP端口分配给串口，以便设备和用户能够与连接到服务器的串行设备进行通信，并将通信路由到正确的串行设备。不同厂家不同功能的串口服务器外观及接口类型、端口数量等都不一致。常见的串口服务器外观及接口如图2-25所示。

图2-25　串口服务器外观及接口

在各种类型的串口服务器中，最为常见的接口有：RJ-45网络接口、RS-232接口，RS-485接口、USB接口、电源接口等。串口服务器为物联网终端设备提供网络接入功能，其内部一般集成多种通信协议，如ARP、IP、TCP、HTTP、 ICMP、SOCK5、UDP等，在RS-485/232转换数据时提供数据自动控制功能，支持网关和代理服务器使用Internet传输数据。串口服务器的检测方式同样非常简单，下面简单介绍一下登录配置界面进行检测的方法，具体检测流程如下：

1）观察串口服务器外观及接口，确认外观接口无明显破损。

2）选择串口服务器配套的电源适配器，给设备上电，观察设备的指示灯是否正常点亮。

3）将设备通过网线直接连接到计算机上，设置计算机的IP地址为自动获取，或者设置计算机的IP地址与串口服务器的IP地址在同一网段。

4）打开计算机的浏览器，输入串口服务器初始的IP地址，观察是否能够登录到其配置界面。

5）如果能够正常登录到配置界面，则说明设备正常。

使用这种方式进行检测时，如果出现网关、无线路由器、交换机和串口服务器等网络设备无法通过初始IP地址进行登录的情况，可以根据设备用户使用说明书对设备进行重置，也就是恢复出厂设置。这些网络设备通常设置有复位按键，通过长按复位按键通常就可以将设备恢复出厂设置。恢复出厂设置后再按照刚才的流程进行检测，如果仍然无法正常登录配置界面，则说明设备故障。

二、常用无线通信DTU设备及检测方法

DTU的中文名称为数据传输单元，是专门用于将串口数据转换为IP数据或将IP数据转换为串口数据，通过无线通信网络进行传送的无线终端设备。

DTU主要用于无线数据传输，通过接口连接到终端设备获取数据，然后通过无线网络传输到指定的数据中心或设备。同时，反向数据中心还可以通过无线网络向DTU发送数据或指令，然后通过接口将DTU发送到终端设备。

按通信方式分类，DTU通常采用GPRS/4G/NB-IoT/LoRa/Wi-Fi/ZigBee等通信方式。客户可以根据自己的应用场景选择最佳的通信方式。DTU按接口类型分类，通常支持RS-485、RS-232、I/O等接口。用户可以根据自己前端采集设备的接口选择合适的接口类型。

1. Wi-Fi设备检测方法

使用Wi-Fi技术接入以太网，进行数据的远程传输在物联网系统中应用广泛。随着物联网技术的发展，结合应用市场的需求，集成了Wi-Fi技术的物联网数据采集传输设备应运而生，这类型的Wi-Fi设备通常统称为Wi-Fi DTU。

不同厂家所生产的Wi-Fi DTU外观和接口有所区别，无论哪种类型的Wi-Fi DTU，最终都是将采集到的数据通过Wi-Fi技术接入到局域网或互联网，最终传输到应用服务器。Wi-Fi DTU功能示意图如图2-26所示。

Wi-Fi DTU最常见的接口有RS-485接口、RS-232接口、以太网接口等，可以实现数据的透明传输，保障数据传输的可靠性。串口透明传输模式的优势在于可以实现UART接口与网络通信的即插即用，从而最大程度降低用户使用的复杂度。Wi-Fi DTU工作在透明传输模式时，用户仅需要配置必要的参数即可实现UART接口与网络的通信。上电后，设备可以自动连接到已配置的无线网络和服务器。

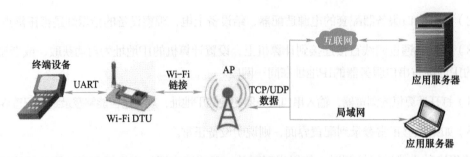

图2-26　Wi-Fi DTU功能示意图

Wi-Fi设备的检测方法通常和路由器等网络设备的检测方法雷同，可以通过登录模块内部配置界面的方式进行检测，也可以通过厂家提供的配置软件进行检测，下面以使用厂家提供的配置软件进行检测的方法为例，介绍对Wi-Fi DTU的检测流程及方法。

1）首先观察设备外观及接口，确认外观无破损，接口未松动。

2）DTU通常有电源接线端子和适配器供电两种方式，可以根据检测现场的供电环境，结合用户手册的供电要求，正确给设备供电。

3）上电后，观察设备指示灯的点亮情况，结合用户手册，确认设备工作状态正常。

4）选择合适的转换器和数据线，将DTU和PC机进行连接。

5）观察计算机上DTU所使用的端口号，打开厂家提供的配置测试软件，选择相同的端口号以及设备默认的波特率，打开串口。

6）选择进入配置状态，并读取参数，观察是否能够正确读取模块参数。

通常情况下，如果DTU模块能够正常进行配置状态，并且能够读取到其内部默认的参数，则说明该设备能够正常使用。

2. ZigBee设备检测方法

在物联网系统中，常会使用到ZigBee DTU。ZigBee DTU是以ZigBee技术为基础的无线电台，具有透传、协议传输、支持AT指令配置等多种功能。ZigBee DTU作为一种通信设备，与光纤、微波、明线一样有一定的适用范围，它提供某些特殊条件下专网中监控信号的实时、可靠的数据传输，具有成本低、安装维护方便、绕射能力强、组网结构灵活、覆盖范围远的特点，适合点多而分散、地理环境复杂等场合，通常带有RS-485和RS-232接口，也有部分设备带有以太网网口和USB接口，可以与相应接口的传感器设备、数据采集模块、控制设备等进行连接通信。不同厂家生产的常见ZigBee DTU外观如图2-27所示。

ZigBee DTU支持网络中的各种设备类型，可以通过厂家提供的配置软件或者AT指令设置成协调器、路由器、终端等设备，根据系统需求工作在不同的工作模式下，进行网络组建和数据传输。

图2-27　常见ZigBee DTU外观

ZigBee DTU通常支持HEX命令集，因此在检测时，可以通过使用串口调试助手发送HEX命令进行检测。ZigBee DTU具体检测方法流程如下：

1）首先观察设备外观及接口，确认外观无破损，接口未松动。

2）DTU通常有电源接线端子和适配器供电两种方式，可以根据检测现场的供电环境，结合用户手册的供电要求，正确给设备供电。

3）上电后，观察设备指示灯的点亮情况，结合用户手册，确认设备工作状态正常。

4）选择合适的转换器和数据线，将DTU和PC进行连接。

5）观察计算机上DTU所使用的端口号，打开串口调试助手，选择相同的端口号以及设备默认的波特率，打开串口。

6）根据用户手册说明，选择进入配置状态，发送设置指令，观察是否能够正确返回命令或参数。如果返回值正常，则说明设备能够正常工作。

3. LoRa设备检测方法

物联网系统中LoRa设备通常根据其功能分为LoRa数据传输终端、LoRa中继器和LoRa网关。其中LoRa数据传输终端又称为LoRa DTU，是物联网传输层设备，主要用于传感器数据采集和传感数据传输。LoRa中继器主要针对LoRa信号穿透力不足、覆盖信号不好的问题，进行网络补盲，广泛应用于小区抄表、水质水位水压监控、工业监控、能源管理、环境监测等业务场景。LoRa网关位处LoRa星形网络的核心位置，是终端和服务器（Server）间的信息桥梁，是多信道的收发机。LoRa网关有时又被称为LoRa基站或LoRa集中器。

LoRa DTU的通用接口是RS-485和RS-232接口。设备的通信距离一般在1～8km左右，支持点对点、多点组网。市场上有些LoRa DTU为了保护数据的安全性，还具有加密传输功能。LoRa DTU也可以与4G同时联网，应用于一些特定的场景的应用。例如，在温室大棚监控系统中，使用LoRa DTU作为接收终端与计算机连接，计算机作为终端监控平台。再将其他的LoRa DTU作为发送和采集终端，分别放置在温室大棚内，采集各种传感器数据。并将数据送至接收端，实现大棚蔬菜室内自动监控。

LoRa DTU通常使用厂家提供的配置测试软件进行检测，检测方法与流程如下：

1）首先观察设备外观及接口，确认外观无破损，接口未松动。

2）按照DTU使用手册给设备上电，观察电源指示灯是否点亮。如果电源指示灯不亮，则可以确定设备故障。

3）通过485转换器和USB转RS-232转接线连接DTU的RS-485端口和PC的USB端口。

4）在PC的设备管理器中查看DTU所使用的串口号。

5）打开配置测试软件，选择刚才所查看到的COM口号，设置模式，读取设备参数。

6）如果能够正常读取到设备参数，通常说明设备没有故障。

4．NB-IoT设备检测方法

NB-IoT技术具有覆盖广、连接多、速率快、成本低、功耗低、架构优等特点。NB-IoT设备广泛应用于公共事业、医疗健康、智慧城市、消费者、农业环境、物流仓储、智能楼宇、智能制造等领域。

物联网系统中的NB-IOT物联网终端具有速度快、体积小、功耗低、能适应恶劣环境、能快速接入网络，实现数据无损透传效果的特点。常见的NB-IoT终端的主要功能接口有电源接口、串口、RS-232、RS-485、RS-422、天线接口、SIM卡接口等。NB-IoT终端通常具有系统、电源、通信及在线指示灯，其天线接口多使用标准SMA阴头天线接口，特性阻抗50Ω。

NB-IoT无线数据终端通常支持AT指令配置，因此NB-IoT DTU可以使用串口调试助手，发送AT指令进行检测，检测方法与流程如下：

1）首先观察设备外观及接口，确认外观无破损，接口未松动。

2）按照DTU使用手册给设备上电，观察电源指示灯是否点亮。如果电源指示灯不亮，可以确定设备故障。

3）通过485转换器和USB转RS-232转接线连接DTU的RS-485端口和PC的USB端口。

4）在PC的设备管理器中查看DTU所使用的串口号。

5）打开串口调试助手，选择刚才所查看到的COM口号，设置无线通信DTU默认波特率，打开串口。

6）根据DTU的用户手册，发送测试的AT指令，观察返回的AT指令应答信号是否正确，如果正确，则说明设备没有故障。例如，发送"AT"，测试串口是否正常，正常返回值为"OK"。

1. 系统数据传输设备开箱清点

完成仓储管理系统中数据传输设备的开箱清点。本任务需要使用到的仓储管理系统数据传输设备如图2-28所示。

图2-28　仓储管理系统数据传输设备

根据图2-28所示设备，找到设备箱内相应的设备，明确每类设备/资源的名称、数量、型号，完成表2-9仓储管理系统感知层设备开箱验收清单的填写。

表2-9　仓储管理系统感知层设备开箱验收清单

序号	设备/资源名称	数量	品牌	配件	是否到位（√）
1	无线路由器	1		电源适配器	
2	物联网中心网关	1		电源适配器	
3	交换机	1		电源适配器	
4	远程智能控制器DAM-T0222	1		天线、电源适配器	

2. 数据传输设备检测

请参照知识储备的内容，分别完成无线路由器、物联网中心网关、交换机、远程智能控制器DAM-T0222的检测，做好检测记录。根据检测情况和现场检测记录，填写设备进场检测验收单。

（1）无线路由器检测

1）检查无线路由器外观和接口，确认完好，检查是否有配套的电源适配器，如图2-29所示。

2）使用9V DC电源适配器给无线路由器供电，观察电源工作指示灯SYS状态是否正常，Wi-Fi信号指示灯是否常亮。

3）将无线路由器的LAN端口通过网线与计算机连接，如图2-30所示。

图2-29　无线路由器及电源适配器外观

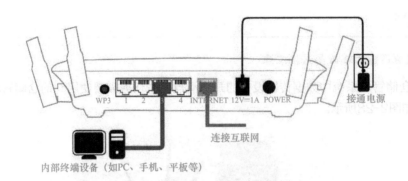

接通电源

连接互联网

内部终端设备（如PC、手机、平板等）

图2-30　无线路由器与计算机连接

4）设置计算机自动获取IP地址，如图2-31所示。观察LAN端口Link指示灯是否闪烁或常亮，如果不亮，则需要排查是否存在网线故障。

5）打开浏览器，输入http://tplogin.cn/地址，观察是否能够正常跳转到登录界面，如图2-32所示，此时为配置向导界面，提示设置管理员密码。

如果无法正常跳转至登录界面，重点检查网线是否存在问题、计算机的IP地址和无线路由器是否在同一网段等，必要时考虑恢复出厂设置再重新进行检测。

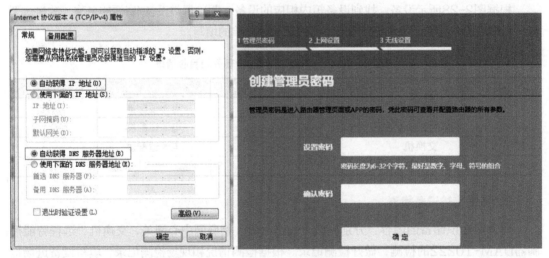

图2-31　设置计算机自动获取IP地址　　　　图2-32　无线路由器登录界面

（2）物联网中心网关检测

物联网中心网关的检测流程和无线路由器相似，具体检测步骤如下：

1）检查物联网中心网关外观和接口，确认完好，检查是否有配套的电源适配器，如图2-33所示。

2）使用12V DC电源适配器给物联网中心网关供电，观察电源工作指示灯状态是否正常亮。

3）使用网线将物联网中心网关与计算机连接，设置计算机IP地址与物联网中心网关的默认IP地址192.168.1.100在同一网段，如图2-34所示。

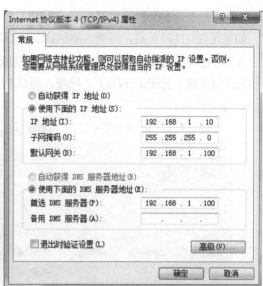

图2-33 物联网中心网关开箱验收　　　　图2-34 计算机IP地址设置为与网关同一网段

4）参考无线路由器配置方式，登录物联网中心网关IP地址，会弹出输入账号密码的登录界面，如图2-35所示。

5）输入默认的账号：newland，密码：newland，观察是否能够正常登录到配置界面，如果能够，则说明设备正常。

（3）无线通信DTU检测

本项目中使用远程智能控制器DAM-T0222进行数据采集与通信。具体的检测方法如下：

1）将模块接通电源，观察POWER、RUN指示灯状态，如果POWER指示灯常亮红色、RUN指示灯绿色闪烁则表示设备运行正常，如果指示灯不亮，则可以确定故障或适配器损坏。

2）使用顶针顶住RST按键（该键为Reset键），使用带无线上网功能的笔记本计算机或手机查看以"JY"开头的Wi-Fi热点名称，并连接该AP，如图2-36所示。

图2-35 物联网中心网关登录界面　　　　图2-36 查看Wi-Fi热点名称

3）使用厂商提供的调试软件，单击"打开端口"按钮和DO1、DO2按钮，当设备上的DO1、DO2指示灯亮红色（见图2-37a），并且听到设备中继电器"啪"的声音，则表示两个DO端口正常。

4）将设备上的DI1+、DI1-接入一组DC 12V，观察调试软件上的DI1按钮是否亮红色，如果是则DI1口正常，同理，测试DI2口是否正常。

5）将设备上的AI1口接入DC 5V，观察调试软件上的模拟量输入值是否发生变化，有则表示AI1口正常（见图2-37b），同理，测试AI2口是否正常。

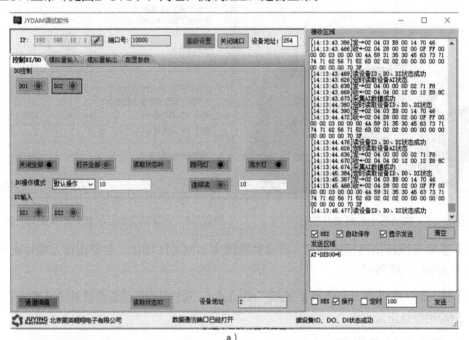

a）

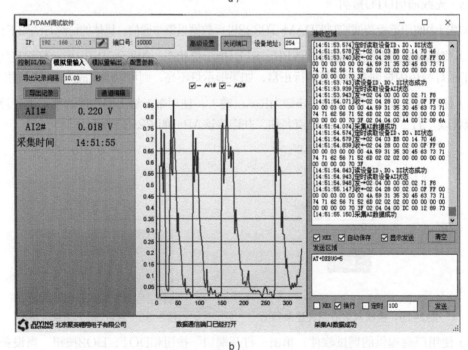

b）

图2-37　远程智能控制器DAM-T0222调试软件示意图

a）控制DI/DO界面　b）模拟量输入界面

6）记录设备默认的IP地址为：192.168.10.1，默认端口号为：10000。

3. 填写数据传输设备检测报告

完成设备检测后，核实设备是否有漏测、测量方法是否合理、操作是否正确。若有不正确的地方，则重新进行检测。根据最终检测情况和现场检测记录，填写设备验收检测报告。

仓储管理系统数据传输设备验收检测报告

合同名称： 　　　　　　　　　　　　　　　　　　　编号：

_____设备于__年__月__日到达____施工现场，设备开箱验收检测情况如下：

序号	名称	规格/型号	数量/单位	检测							检测日期
				外包装情况（是否良好）	开箱后设备外观质量（有无磨损、撞击）	备品备件检查情况	设备文档资料	功能测试结果	问题反馈	备注	
1	无线路由器										
2	物联网中心网关										
3	远程智能控制器 DAM-T0222										

任务小结

本任务介绍了仓储物资管理系统常用数据传输设备的功能、分类、应用、接口等基础知识，并学习了常见的数据传输设备的检测方法。通过本任务的学习，读者可掌握常用物联网设备检测工具的使用方法，熟悉并掌握如何进行数据传输设备的检测，能够阅读相关技术文档完成仓储管理系统的设备检测。本任务相关的知识技能小结思维导图如图2-38所示。

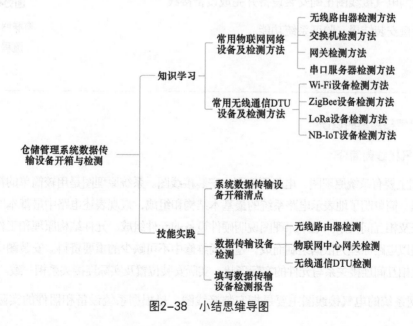

图2-38　小结思维导图

请在现有任务的基础上，与厂家沟通，撰写完成"故障设备送修返还记录单"。

任务3　仓储管理系统设备安装与接线

- 能根据安装布局图，遵守设备的安装规范，正确安装设备并进行适当的位置调整
- 能根据电气接线图、设备布局图、设备接口说明，完成设备正确接线与供电

　　任务描述：接公司要求，员工NA需要将已检测好的设备进行安装部署，首先要对这些设备进行布局设计，然后根据布局图安装固定设备，并完成电源线和信号线的走线，将所有设备连接起来。

　　任务要求：

- 能够根据系统安装部署图正确部署设备
- 根据电气接线图正确安装设备并完成设备接线
- 检查安装结果，验证系统功能

物联网设备安装
流程与规范

一、电气接线图的识读

1. 电气接线图简介

　　电气图主要有系统原理图、电路原理图、安装接线图。系统原理图是用较简单的符号或带有文字的方框，简单明了地表示电路系统的最基本结构和组成，直观表述电路中最基本的构成单元和主要特征及相互间关系。电路原理图说明硬件设备的元件组成、元件结构原理和工作原理。安装接线图是以电路原理为依据绘制而成，是现场维修中不可缺少的重要资料。安装图中各元件图形、位置及相互间连接关系与元件的实际形状、实际安装位置及实际连接关系相一致。

　　物联网系统的电气接线图主要是指安装接线图，是根据系统设备和器件的实际位置以及

安装情况绘制的，只用来表示设备和器件的位置、配线方式和接线方式，而不明显表示电路动作原理。主要用于安装接线、线路的检查维修和故障处理的指导。

物联网系统的电气接线图主要显示该系统中传感器、执行设备、无线传输设备、网络设备等主要功能单元之间的电气接线，通过电气接线图可以对系统有更加细致的了解。电气接线图中包括各个设备的端口名称及连接方式，工程施工人员可以通过电气接线图对设备进行安装与调试，后续系统设备运维中也可以作为参考，进行故障查找定位。

2. 电气接线图的识读方法

识读电气接线图需要学习掌握一定的电子、电工技术基本知识，了解各类电气设备的性能、工作原理，并清楚有关触点动作前后状态的变化关系；对常用常见的典型电路，如过流、欠压、过负荷、控制、信号电路的工作原理和动作顺序有一定的了解；熟悉国家统一规定的和常用的电气设备的图形符号、文字符号、数字符号、回路编号规定通则及相关的国标。

电气接线图也就是安装接线图是根据电气原理图绘制的，看安装接线图时若能对照电气原理图，则效果更好。识读物联网系统的电气安装接线图，需要了解系统的架构和信号流程，根据系统架构和信号流程顺序进行识读，会更加清晰明了。

识读电气接线图的方法如下：

1）仔细阅读设备说明书、操作手册，了解设备动作方式、顺序，有关设备元件在电路中的作用。

2）对照图纸和图纸说明大体了解电气系统的结构，并结合主标题的内容对整个图纸所表述的电路类型、性质、作用有较明确认识。

3）识读系统原理图要先看图纸说明。结合说明内容看图纸，进而了解整个电路系统的大概状况，组成元件动作顺序及控制方式，为识读详细电路原理图作好必要准备。

4）识读集中式、展开式电路图要本着先一次电路、再二次电路、先交流后直流的顺序，由上而下、由左至右逐步循序渐进的原则看各个回路，并对各回路设备元件的状况及对主要电路的控制，进行全面分析，从而了解整个电气系统的工作原理。

5）识读安装接线图要对照电气原理图，先一次回路、再二次回路顺序识读。识读安装接线图要结合电路原理图详细了解其端子标志意义、回路符号。对一次电路要从电源端顺次识读，了解线路连接和走向．直至用电设备端。对二次回路要从电源一端识读直至电源另一端。接线图中所有相同线号的导线．原则上都可以连接在一起。

二、设备安装接线的流程与规范

1. 设备安装施工要点

在进行物联网系统集成项目施工之前，施工人员应仔细查看施工工程图纸并详细阅读设备出厂安装说明材料，针对不同的设备和不同的厂商，接线方式、接线柱位置、安装位置、安装角度等各有不同，应该根据现场情况参照厂家说明安装调试。

（1）设备安装流程

1）设备安装选点：安装位置通常在设计文档、施工图纸中有标注，但从项目设计阶段到施工阶段，现场环境可能存在变动，同时设计文档根据不同行业不同项目特性，标注的精确度也不同，所以通常还需要在资料标注设备安装位置的基础上，结合项目施工时的实际情况进行选点安装。

设备安装选点通常需要考虑因素如下：

- 国家、行业标准与规范规定的设备布设距离、密度等要求。

- 设计文档中设备测量范围、测量精度对设备安装的要求。

- 设备厂商提供的设备选点及安装的相关要求。

- 现场环境（供电、通信、防雷、维护等）的要求。

2）设备配置：设备配置通常是为实现设备的组网和数据采集发送对设备的参数进行配置，常见设备参数配置内容包括设备地址、工作模式、通信方式、通信地址及端口号、通信协议、数据采集或发送周期、设备现场工作环境参数等。在设备配置过程中，有时还要利用固件烧写工具对设备固件进行更新和维护。

设备的配置可以在设备安装前或安装后进行，但物联网系统集成项目实施过程中通常在设备安装前进行设备已知参数的配置，避免安装后发现设备故障、高空配置设备等影响施工效率或安全的事项。设备配置尽量使用厂商提供的配置工具进行配置，配置参考资料可从厂商项目对接人、厂商官网等途径获取。配置设备是连接设备的方式很多，常见设备连接配置方式如下：

- 直接根据设备上的按钮进行配置。

- 通过计算机串口或USB转串口线连接设备进行配置。

- 计算机或手机通过Wi-Fi、网线连接设备进行配置。

3）确认设备安装方式：常见设备安装方式有立杆式安装、壁挂式安装、吊顶式安装、导轨式安装等方式，其中壁挂式安装、吊顶式安装、导轨式安装通常选择厂家设备配备的结构件进行安装，立杆式安装通常根据现场情况以及设备安装规范的要求选择不同的立杆标准进行安装。

立杆式安装基本结构包括：设备立杆、连接法兰、造型支臂、安装法兰及预埋钢结构构成。立杆及其主要构件应为耐用结构，由能承受一定的机械应力、电动应力及热应力的材料构成，此材料和电器元件应采用防潮、无自爆、耐火或阻燃产品。

4）综合布线：安装设备时的连接线应该横平竖直，变换布线走向时应垂直布放，线的连接布放应牢固可靠、整洁美观。连接设备的电源线和信号线之间需要间隔距离，避免互相干扰，导致信号传递错误。连接线路如果存在二次回路，则连接线中间不应该有接头，连接接头只能在设备的接线端子上，接线端子上的连接线应该紧压在端子里面，铜线芯不要暴露在外面，且接线端子不能压到绝缘层，会引起因接触不良导致设备无法供电或信号传递错误等情况出现。

（2）设备安装注意事项

在安装前，需要掌握设备的原理、构造、技术性能、装配关系以及安装质量标准，要详细检查各零部件的状况，不得有缺损，要制定好安装施工计划，做好充分准备，以便安装工作顺利进行。

安装前要认真阅读设备说明书，尤其是说明书中要求的安全注意事项一定要遵守，接线要按图纸要求使用合适截面积的线缆。

设备的安装要在断电的情况下进行，正确连接电源正负极和信号线，所有部件安装到位并检查确认连线正确后才允许上电，防止因为设备接线错误而导致设备损坏。

固定设备的螺钉、垫片应该按照规格要求进行选择，要将设备固定紧实，不得遗漏，防止因为设备固定不牢固，导致设备脱落，造成不必要的人员受伤或设备损坏。

设备安装人员应确保项目设备正确安装、连线正确，以保障设备能够工作正常、可靠运行，使系统最终能够实现项目需求和设计的功能，符合国家《电气装置安装工程施工及验收规范》标准。

在设备安装与接线过程中，严禁带电安装和接线；施工现场禁止堆放易燃、易爆和腐蚀性物品；电气线路应具有足够的绝缘强度、机械强度和导电能力，其安装应符合相应产品标准的规定；设备安装与接线过程必须严格遵循现行的GB/T 13869—2017《用电安全导则》所规定的设备安装、使用等阶段用电安全的基本要求。

2. 仓储管理系统设备安装与接线

物联网设备安装与调试包括前端感知控制设备及其配套设备的安装与调试、网络层数据传输设备的安装与调试、应用层服务器的部署与安装以及系统相关配套的供电系统、防雷系统的设备安装与调试。在进行物流仓储管理系统设备的安装、布局与连线时，需要注意以下几个方面：

1）所有设备布局紧凑、安装牢固。

2）设备安装位置与信号走向基本保持一致。

3）设备连线时电源线、信号线应严格区分，切勿连接错误，否则会造成设备损坏。

4）进行系统布线时，线缆通过走线槽，避免缠绕。

5）安装设备时，应考虑到设备工作时的散热问题，特别是大功率设备，更要保障良好的散热。

6）安装或连线时必须确保设备处于断电状态。

在进行设备安装前，需要先准备好安装工具和导线等，熟悉设备安装布局图和电气接线图，做好设备安装前的现场勘查。

（1）壁挂式设备安装

在进行设备安装前，需要先准备好安装工具和导线等，将设备按照安装布局图安装在测量点上，安装过程可使用螺钉、螺帽、扎带等配件，安装完成后进行设备连接。

在物联网系统中，很多设备均采用壁挂式安装，例如王字壳传感器、网关、串口服务器、常见的无线通信DTU设备、数据采集器、警示灯等。壁挂式设备通常安装到墙面或设备架上面，具体安装流程和规范如下：

1）准备好安装配件如螺钉、螺帽、垫片等，准备好安装工具如电钻、螺钉旋具、钉锤等。

2）根据安装布局图，在安装位置钻孔，孔径需要符合设备说明书中的尺寸要求，将膨胀管放入孔内，如图2-39所示。

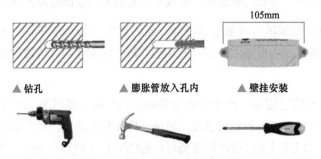

▲钻孔　　　　　　▲膨胀管放入孔内　　　　▲壁挂安装

图2-39　壁挂王字壳型设备安装

3）安装孔位于设备两侧中部位置，安装孔径小于4mm，孔距105mm，可使用3mm的自攻螺钉安装，为避免设备松动，应使用螺钉垫片，使安装更加牢固。

4）将传感器紧贴安装面放置在合适位置，用螺钉将其固定到安装面，注意安装牢固、美观。

5）安装完成后，检查设备是否牢固，安装方式是否符合施工要求。

（2）导轨式设备安装

在物联网系统中，常见的时间继电器、中间继电器、直流信号隔离变送器、卡扣式传感器等设备在进行安装时需要用到卡扣式导轨，其外观如图2-40所示。

导轨式设备的安装方法及流程如下：

1）准备安装配件及工具。

图2-40　导轨外观

2）根据布局图在规划安装的位置打孔。

3）将导轨安装到打孔位置，使用螺钉进行固定。

4）将设备扣在导轨上，调整到合适位置。安装示意图如图2-41所示。

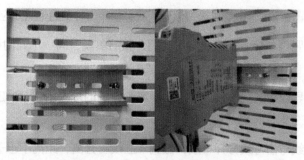

图2-41 导轨式设备安装示意图

（3）设备接线规范

在工程施工中，要规范准确的走线接线，不仅需要具备电气接线图的阅读能力，还需要熟悉各种不同线缆的接线规范。工程项目施工中不同线缆分类见表2-10。

表2-10 工程项目施工中不同线缆分类

线缆分类	主要涵盖类型
A类：敏感信号线缆	各种串行通信（如以太网、RS-485等）电缆、数据传输总线、ATC天线和通信电缆，无线电以及各类毫伏级（如热电偶、应变信号等）信号线
B类：低压信号线缆	5V、±15V、±24V、0～10mA、4～20mA等低压信号线（如各种传感器信号、同步电压等）以及广播音频、对讲音频电缆
C类：110V等级线缆	110V蓄电池电源电缆、110V控制信号（各种开关量如向前、向后、牵引、制动等）线、头灯、电源线和照明电源线
D类：辅助电路配电电缆	220/400V电缆、连接各种辅助电机、辅助逆变器的电缆
E类：主电路配电电缆	额定电压3kV（最大3600V）以下，500V以上的电力电缆

在物联网系统中，主要使用的是A、B、C、D四类线缆。在仓储管理系统中，主要有有线和无线的数据传输设备、传感器设备、控制执行设备等。仓储管理系统中不同设备进行连接需要注意以下接线和走线规范：

1）以太网线布放时，应布放顺直，无明显扭绞和交叉；布放的以太网线必须是整条线料，严禁电缆中间接头，标签明晰正确；以太网线制作完成后要求施工单位用网线测试仪逐个测试，确保每个以太网口与设备侧连通。

2）A、B、C三类信号要分区走线，尽量减少C类对A、B类的干扰，C类线中的电源线宜用双绞线插接布线，脉冲信号线应用双绞线；A类线应用双绞线最后绕接并避开C类。

3）电线电缆出入线槽、线管时必须用黑色的开口自卷式套管或黑色的波纹管包加以保护，并用扎带固定。

4）导线气管穿过金属板（管）孔时，应在板（管）孔上装有绝缘护套（出线环或出线套）做防割设计防止损伤而造成短路/泄漏。

5）控制电缆尽量使用屏蔽电缆，模拟信号（数字脉冲信号）的传输线应使用双绞屏蔽线。

6）线束应横平竖直、配置坚牢、层次分明、整洁美观，同一单元的相同设备走线方式应一致。

7）避免将几根导线接到同一接线柱上，一般元件上的接头不宜超过2～3个。当几个导线接头接到同一接线柱上时，接触应平贴、良好。

8）电源线、地线与信号线分开布放，做到"三线"分离，距离不小于5cm。

9）电源线、地线布放按施工图指引的路由和方向布放，在水平和垂直位置，电缆布放要平直不弯曲，绑扎要整齐、松紧要适度，转弯的地方要弯位适当、整齐、美观；电缆在走线槽中应布放顺直，无明显扭绞和交叉。

在实际施工布线时，还需要考虑现场情况，严格按照施工项目的布线规范和电气接线图进行布线和接线，保障布线质量，为系统长期有效运行奠定基础。

任务实施前必须先准备好以下设备和资源。

序号	设备/资源名称	数量	是否准备到位（√）
1	无线路由器	1	
2	物联网中心网关	1	
3	交换机	1	
4	扫描枪	2	
5	远程智能控制器DAM-T0222	1	
6	温湿度传感器	3	
7	噪声传感器	1	
8	二氧化碳传感器	1	
9	警示灯	1	
10	直流信号隔离变送器	1	
11	云平台	1	

本任务提取真实物流仓储管理系统中的部分场景功能，选取物流仓储管理系统常见的传感器、执行器和采集器作为任务实施对象，系统结构图如图2-42所示。本任务将贯穿物联网工程实施整个设备安装阶段，让读者掌握物联网技术中网络设备、感知设备和执行器设备安装技巧。

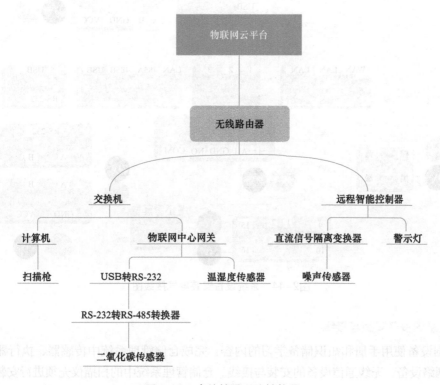

图2-42　仓储管理系统结构图

1. 识读系统安装部署图

熟悉仓储物资管理系统的安装部署图，明确设备的安装位置。设备安装的具体位置可参考图2-43，合理地布置。

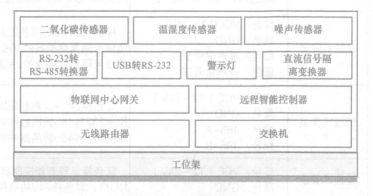

图2-43　安装部署图

2. 识读系统电气接线图

阅读图2-44的电气接线图，熟悉如何进行仓储管理系统的设备安装与接线。

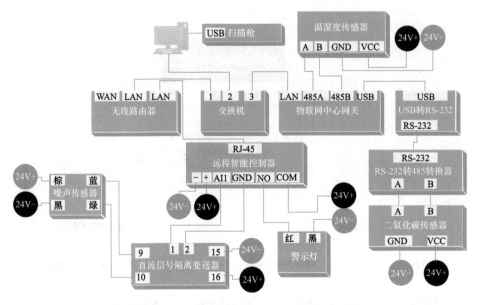

图2-44 系统设备安装电气接线图

3. 系统设备安装与接线

根据设备使用手册和知识储备学习的内容，完成仓储管理系统中传感器、执行器、控制对象、网络设备、无线通信设备的安装与接线。仓储管理系统中的扫描仪无须进行安装，其余安装设备清单见表2-11。

表2-11 仓储管理系统设备安装清单

设备名称	安装方式	功能引脚	接线说明
温湿度传感器	导轨式安装	电源端口：VCC GND 485接口：485 A 485 B	VCC接24V+、GND接24V−，485A接网关485接口A、485B接网关485接口B
噪声传感器	壁挂式安装	棕色：VCC(12～24V) 黑色：GND 绿色：噪声信号负 蓝色：噪声信号正	棕色接24V+、黑色接24V−，绿色接直流信号隔离变换器的10引脚、蓝色接直流信号隔离变换器的9引脚
二氧化碳传感器	壁挂式安装	红色：VCC（12～24V） 黑色：GND 黄色：485−A 绿色：485−B	红色接24V+、黑色接24V−，黄色接RS−232转485转换器的485+、绿色接RS−232转485转换器的485−
警示灯	壁挂式安装	红色：VCC（12～24V） 黑色：GND	红色接远程智能控制器DAM−T0222的NO口，黑色接24V的负极
无线路由器	壁挂式安装	电源适配器供电 LAN口 WAN口	LAN口连接交换机或其他终端设备 WAN口连接外网网线
交换机	支架式安装	电源适配器供电 RJ−45网口	网口连接PC和网关

（续）

设 备 名 称	安 装 方 式	功 能 引 脚	接 线 说 明
物联网中心网关	壁挂式安装	电源适配器供电 RJ－45接口\USB1~USB4接口\RS－485接口\数字I/O口	RJ－45接交换机，RS－485接口接温湿度变送器，USB1端口接USB转RS－232接口线，再接RS－232转485转换器
远程智能控制器DAM-T0222	壁挂式安装	电源端口：+ - 以太网口：RJ－45 OUT1、OUT2：数字量输出 AI1、AI2、GND：模拟量输入	+接24V+、－接24V-，以太网口接无线路由器LAN口，OUT1的NO口接警示灯红线、OUT1的COM接24V+，AI1、GND接直流信号隔离变换器的1、2引脚
直流信号隔离变换器	导轨式安装	1~16引脚	15引脚接24V-、16脚接24V+，1、2引脚接远程智能控制器DAM-T0222，9、10引脚接噪声传感器

（1）噪声传感器的安装与接线

模拟量噪声传感器采用壁挂式安装，需要按照部署图，在工位架合适的位置，通过螺钉固定到工位架上。模拟量传感器安装完成后的效果示意图如图2-45所示。

模拟量输出的传感器通常有三线制和四线制两种，不同类型输出的传感器连接方式不同，其中，三线制传感器与数据采集器之间的接线如图2-46所示，四线制输出的传感器的接线方式如图2-47所示。

图2-45　噪声传感器安装效果示意图

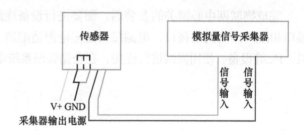

图2-46　三线制输出传感器的接线方式

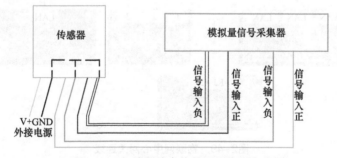

图2-47　四线制输出传感器的接线方式

本任务中，采用的四线制模拟量噪声传感器与直流信号隔离变换器进行连接，接线时需要注意以下两点：

1）模拟量信号的传感器电缆要尽可能地短，使用屏蔽双绞线，布线的过程中尽量不要弯曲成直角，屏蔽层在靠近信号源的一端进行单端接地。

2）模拟量传感器做好接地，有条件的话要两个接地端连接在一起接地，否则会产生很高的共模电压，导致CPU中的数据波动较大。

本任务中二氧化碳传感器的安装方式采用壁挂式，但需要先安装螺钉，再将传感器挂接在上面。二氧化碳传感器属于485输出的传感器，在接线时还需要注意以下两个方面。

1）485信号线不可以和电源线一同走线。由于强电具有强烈的电磁信号对弱电进行干扰，从而导致485信号不稳定，导致通信不稳定。

2）485信号线应使用屏蔽双绞线。

（2）物联网中心网关的安装与接线

在仓储管理系统中，物联网中心网关采用壁挂式安装，安装方式和壁挂式传感器雷同，其中物联网中心网关背面预留有两个螺钉挂孔，如图2-48所示，需要先将螺钉固定到安装面或工位架，再将物联网中心网关背面的挂空挂在两颗螺钉上。

图2-48 物联网中心网关工位架安装示意图

在安装物联网中心网关时，要注意保障其能够正常散热，周围无大型设备遮挡，以免影响其通信时的信号强度。

完成物联网中心网关的安装后，需要进行设备连线，物联网中心网关的接口主要是电源接口和RJ-45的网络接口，电源接口连接电源适配器，网络接口通常连接无线路由器、交换机、PC等设备，使用网线进行连接，在仓储管理系统中，其连线示意图如图2-49所示。

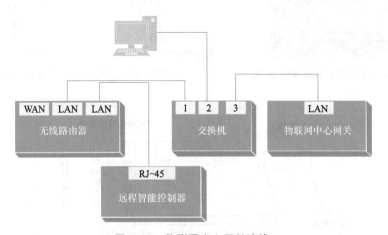

图2-49 物联网中心网关连线

物联网中心网关主要使用网线连接，在接线时，需要注意布线规范，走线美观清晰，必要时可以使用扎带捆扎，同时可以使用标签做好线路功能标识。

（3）直流信号隔离变换器的安装与接线

直流信号隔离变换器主要采用导轨式安装，具体的安装方式参考知识储备所讲内容。本任务所使用的温湿度传感器同样采用导轨式安装。

在本任务中，直流信号隔离变换器主要是连接噪声传感器与远程智能控制器DAM-T0222，接线如图2-50所示。

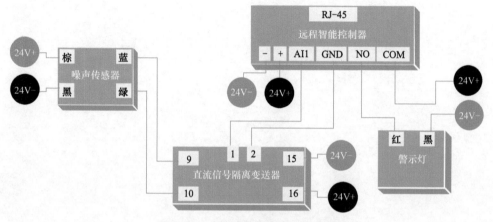

图2-50　直流信号隔离变换器接线

接线时，尽量注意导线长度设置合理，不宜过多，缩短线缆长度，避免信号干扰。

任务小结

本任务介绍了电气接线图的识读方法，物联网设备的安装流程和规范。通过本任务的学习，读者可以掌握仓储管理系统的设备安装方法，能够设计设备的安装布局，并根据电气接线图完成设备的安装与布线，并对安装结果进行检查。本任务相关的知识技能小结思维导图如图2-51所示。

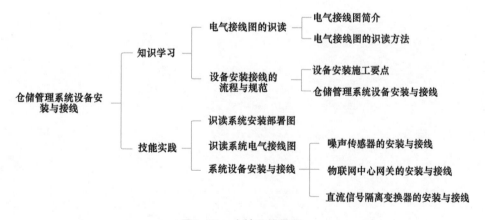

图2-51　小结思维导图

项目③

智慧社区——社区安防监测系统设备配置与数据采集

引 导案例

　　智慧社区是智慧城市建设的最终落实地，也是公众在居住环境中能直观感知的新兴技术。智慧社区系统包含社区安防监测系统、社区环境监测系统、社区楼宇管理系统等。本项目中的社区安防监测系统隶属于智慧社区子系统，该系统通过运用物联网、大数据、云计算、传感器等技术，整合社区区域内的人员、车辆、楼宇等监控对象，依托智能感知设备，实现社区治安管控和便民服务。

　　社区安防系统功能覆盖了人员门禁管理、社区周界防护、社区进出车辆道闸管理等安全防范系统，还能对社区公共设备、水电煤气和消防预警智能监测，智慧安防社区的逻辑架构图如图3-1所示。通过在社区内特定位置安装摄像头、门禁、探针、RFID、报警器等设备，实现对各子系统的统一管理、认证，打造社区智慧安防体系，做到治安事件的事前预警、事中指挥、事后处理，把危害降到最小，维护公共安全和社会稳定，把整合的数据资源及时向社区居民发布，提升社区管理和民生服务的智慧化水平，促进智慧化城市的发展。

入侵报警系统装调

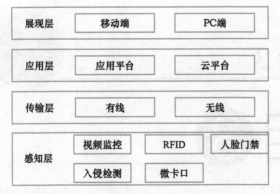

图3-1 智慧安防社区的逻辑架构图

任务1 社区安防监测系统网络层设备配置

职业能力目标

- 能根据社区安防场景布置图，正确安装各类设备
- 能阅读设备产品说明书，正确完成设备参数配置
- 能根据工程设计需求，正确完成设备功能配置

任务描述与要求

任务描述： 任务选取社区安防监测系统中部分真实场景，物联网工程师需要先根据项目工程设计图，完成社区安防监测系统设备安装任务，再运用物联网工程师工作岗位技能，依照项目实施方案正确完成已装设备的配置任务。

任务要求：

- 能根据施工图要求，正确完成设备安装任务
- 能根据工程设计方案要求，正确完成设备配置任务

知识储备

一、物联网设备配置规范

1. 设备配置依据

为了采集现实世界中的感知数据信息，物联网工程设计方案中会使用各种类型的物联网

设备，但大部分传感器设备、网络设备等都需要进行配置才能实现相关功能。物联网工程师对设备的配置应当依据技术规范要求，科学合理地完成物联网设备及配套设备（包括计算机软件）配置工作，并能满足开展检定或校准的需要。物联网工程实施与运维工程师设备配置依据可参考工程项目中设备运行条件、设备维护和管理方法、工程地形地貌等情况，结合已建、在建的物联网工程条件，合理进行设备配置。在一些特定场所中，除了配置物联网设备常规功能外，还应考虑当地标准和自然环境条件。

2. 设备配置要求

物联网工程实施人员要根据物联网工程项目中提供的工程施工图、工程实施方案和设备产品说明书等规范条件，准确核对设备配置要求后才能进行设备配置工作。设备配置前常见操作步骤包括：

1）确定设备技术参数。

2）查阅设备主要功能。

3）精读工程实施标准。

4）检测设备运行环境。

物联网工程实施人员要养成阅读设备技术参数、设备功能、实施标准的习惯，实施人员必须知晓该设备工作参数、模式、协议、功能、运行环境等，方便进行设备配置工作。

3. 设备配置注意事项

为了确保设备安全、可靠地运行，物联网工程实施人员配置设备时需检查设备和附近表面有无残损、锈蚀、碰伤等情况，配置设备要遵循以下注意事项：

1）配置前检查设备连接与供电方式是否正确。

2）阅读设备技术性能参数。

3）确认设备已涵盖功能。

4）认真查看工程设计方案。

二、网络设备配置

物联网技术应用中典型的网络设备有路由器、交换机、网关、无线传输设备等。由于市面上没有统一的配置规定，不同厂家生产的同类设备的配置模式也不同，但设备的功能都大同小异。物联网工程实施与运维工程师在项目实施中需要多查阅设备配套说明书，仔细完成各类设备配置工作。

1. 路由器配置

（1）上网方式配置

路由器配置中的上网方式是把外部网络与路由器的本地网络相互连接，常见的上网方式有PPPoE、静态IP和动态IP等。

PPPoE上网方式也叫宽带拨号上网，运营商分配宽带用户名和密码，通过用户名和密码进行用户身份认证。

静态IP上网方式是使用运营商提供固定的IP地址、网关、DNS地址进行宽带接入。配置时需要将运营商提供的固定IP地址等参数手动填写在路由器中，常见的静态IP上网方式应用在企业、校园内部网络等环境中。

动态IP上网方式也叫自动获得IP地址上网，该模式是路由器通过宽带自动获取IP地址、子网掩码、网关以及DNS地址。动态IP上网方式无需任何参数或者账号密码。常见的动态IP上网方式应用在校园、酒店以及企业内网等环境中。路由器上网方式配置见表3-1。

表3-1　路由器上网方式配置

常见配置参数	功　　能
自动获取IP地址	自动获取WAN口地址参数信息
固定IP地址	需手动设置WAN口地址参数信息且地址与WAN口设备地址处于同一网络
宽带拨号上网	添加ISP提供的账号和密码，进行WAN口拨号

（2）路由器设备地址配置

在物联网工程实施中，常常需要多设备之间的联动配置，为方便各个设备相互访问，需要对设备地址进行固定。路由器LAN地址配置见表3-2，配置内容一般有IP地址、子网掩码等。

表3-2　路由器LAN地址配置

常见配置参数	功　　能
IP地址	选择为手动模式，可添加路由器IP地址
子网掩码	选择为手动模式，可添加路由器子网掩码

（3）DHCP服务配置

DHCP（动态主机配置协议）服务能自动为网络客户机分配IP地址、子网掩码、默认网关、DNS服务器等网络信息。物联网产品中绝大部分路由器提供DHCP服务配置功能，工程师对物联网项目实施时可阅读设备产品说明书。路由器DHCP服务配置见表3-3，配置中可填写DHCP划分的IP地址范围、地址租期、网关地址和DNS地址等参数。

表3-3　路由器DHCP服务配置

常见配置参数	功　　能
无线路由器IP地址	该选项可选择路由器使用默认地址或手动地址
IP地址	选择为手动模式，可添加路由器IP地址
子网掩码	选择为手动模式，可添加路由器子网掩码

（4）无线网络设置

无线路由器除了使用有线介质互联外，部分路由器还提供无线连接。路由器中无线网络又称为WiFi，是一个基于IEEE 802.11标准的无线局域网技术。运用WiFi技术可以实现用无线方式连接路由器，从而快速实现设备部署。目前常见路由器的WiFi技术有2.4GHz和5GHz，2.4GHz无线网络设置见表3-4，配置参数包括无线网络名称、无线密码、密码认证类型、无线信道、无线接入模式等。

表3-4　2.4GHz无线网络配置

常见配置参数	功　能
无线网络名称	设置无线网络名称
无线密码	设置无线网络密码
密码认证类型	一般用户采用WPA-PSK或WPA2-PSK
无线信道	2.4GHz频段划分为13个信道，各信道中心频率相差5MHz，向上向下分别扩展11MHz，信道带宽22MHz
无线接入模式	常用模式有11b、11n、11g、11bgn mixed等

（5）IP与MAC映射设置

IP与MAC映射是路由器将IP地址与MAC地址绑定，防止非法终端设备接入引起的安全问题。工程师配置设备前需要查阅设备产品说明书，进入路由器配置页面中设置IP地址与MAC地址绑定。路由器地址映射配置见表3-5。

表3-5　路由器地址映射配置

常见配置参数	功　能
设备IP地址	添加需要绑定的设备IP地址
MAC地址	添加需要映射的设备MAC地址

2. 交换机配置

物联网项目中交换机主要用于将同一网络的多个设备连接起来，在接入层指引和控制通往网络资源的数据流。一般应用场景中交换机采用默认配置即可，不需要再进行额外配置。如果网络规模较大，可采用企业级交换机来提供数据转发服务，企业级交换机带有独立的iOS，可手动配置各类服务，来满足物联网项目的网络需求。企业级交换机常见的配置内容包括调整端口速度、带宽和安全要求。

（1）交换机端口配置

交换机端口配置一般包含全双工、半双工通信模式。全双工通信模式允许连接到交换机的设备同时传输和接收数据，该配置能增加交换机有效带宽。当交换机端口只连接一个设备并且在全双工模式下运行时，会创建微分段LAN。半双工通信模式是指连接到交换机的设备能单向进行数据发送和接收，该模式不会同时进行收发操作，半双工通信会引起性能问题，因为数据一次只能在一个方向上流动，经常会发生冲突。在大多数硬件中全双工通信已经取代了半双工通信。交换机端口配置见表3-6。

表3-6　交换机端口配置

常见配置参数	功　　能
Access	只能属于1个VLAN，一般用于连接计算机端口
Trunk	支持多个VLAN，一般用于交换机之间连接
Hybrid	支持多个VLAN，可用于交换机之间连接或用户计算机连接
端口地址	指定端口地址

（2）交换机VLAN配置

虚拟局域网（VLAN）是使用虚拟方式对交换机LAN口的设备进行分组，工程师能将接入到交换机LAN口的设备按照逻辑分组方式加入VLAN中，以实现便捷、安全的设备管理，从而提升网络性能、降低成本。社区安防监测系统的VLAN应用如图3-2所示。

图3-2　社区安防监测系统的VLAN应用

以企业级交换机为例，先进入交换机iOS中，大部分交换机提供图像用户界面方式配置VLAN，也可以使用命令方式配置VLAN。表3-7为命令方式创建和加入交换机的VLAN命令。

表3-7　交换机VLAN配置

常见配置参数	功　　能
VLAN	创建一个名为"编号"的VLAN
Switchport Access VLAN	添加一个端口到"VLAN编号"中

3. 物联网中心网关配置

物联网中心网关可以看作感知网络与传统通信网络的纽带，该设备可以实现感知网络与通信网络之间的协议转换，既可以实现广域互联，也可以实现局域互联。目前市面上物联网中心网关功能大致上分为网络参数配置、端口参数配置等。物联网工程师对物联网项目实施时，需要查阅设备产品说明书，确认设备具体功能和配置方法。

（1）物联网中心网关设备地址配置

物联网中心网关设备使用时一般要设定固定IP地址，方便设备接入或管理。不同厂家的物联网中心网关配置设备地址参数有所不同，但大致包含配置IP地址、子网掩码、网关地址、DNS地址等参数，物联网中心网关设备地址配置参数见表3-8。

表3-8　物联网中心网关设备地址配置

常见配置参数	功　　能
地址类型选择	选择自动或手动分配地址
IP地址	设备IP地址
子网掩码	设备子网掩码
网关地址	转发数据的设备地址
DNS地址	DNS服务地址

（2）物联网中心网关端口配置

物联网工程实施时物联网中心网关会连接一个或多个感知层设备，常见的连接方式有RS-485接口、RS-232接口、RJ-45接口等。在感知层设备连接物联网中心网关前先查看感知层设备具体参数，如设备地址、波特率、数据位、校验位等参数。接入到物联网中心网关后根据感知层设备参数进行端口配置，物联网中心网关端口参数配置见表3-9，除了端口配置外，添加感知层设备时还要添加设备名称、标识符、设备地址等参数。

表3-9　物联网中心网关端口参数配置

常见配置参数	功　　能
端口类型	接入设备使用的端口类型，常有RS-485/RS-232等
波特率	接入设备的波特率值，常使用9600
数据位	接入设备的数据位值，常使用8
校验位	接入设备的校验位值，常使用none
停止位	接入设备的停止位值，常使用1

4．串口服务器配置

如果物联网工程设计时采用了大量感知层设备，一般的物联网中心网关设备无法提供大量接入端口，所以为支持多个感知层设备接入，工程应用中可使用串口服务器来扩展端口数量。串口服务器提供串口转网络功能，能够将RS-232/485/422串口转换成TCP/IP网络接口，实现RS-232/485/422串口与TCP/IP网络接口的数据双向透明传输，或者支持MODBUS协议双向传输。

（1）串口服务器设备地址配置

串口服务器设备使用时一般要设定固定IP地址，方便其他设备接入或管理。不同厂家的串口服务器配置方式有所不同，物联网工程实施与运维工程师可查阅产品说明书，表3-10为串口服务器地址配置，包含设置IP地址、子网掩码、网关、DNS等参数信息。

表3-10　串口服务器地址配置

常见配置参数	功　　能
地址类型选择	选择自动或手动分配地址
IP地址	设备IP地址
子网掩码	设备子网掩码
网关	设备数据转发地址
DNS	DNS服务器地址

（2）串口服务器端口配置

串口服务器能实现RS-485、RS-232等端口连接方式。连接感知层设备前先查看感知层设备参数信息，如地址、波特率等，再使用相应接口连接感知层设备，以及配置串口服务器端口参数，串口服务器端口配置见表3-11。

表3-11　串口服务器端口配置

常见配置参数	功　　能
工作方式	设备类型工作方式，常用的有TCP Client
波特率	设备的波特率设置值，常使用9600
数据位	设备的数据位设置值，常使用8
校验位	设备的校验位设置值，常使用none
停止位	设备的停止位设置值，常使用1

任务实施前必须先准备好以下设备和资源。

序　号	设备/资源名称	数　量	是否准备到位（√）
1	无线路由器	1	
2	物联网中心网关	1	
3	数字量采集器ADAM4150	1	
4	ZigBee节点盒	2	
5	超高频桌面读卡器	1	
6	继电器	3	
7	人体红外开关	1	
8	警示灯	1	
9	电动推杆	1	
10	光照值传感器	1	
11	温湿度传感器	1	

（续）

序　号	设备/资源名称	数　量	是否准备到位（√）
12	电子标签	若干	
13	智能摄像机	1	
14	云平台	1	

本任务提取真实社区安防监测系统中的部分场景功能，选取社区安防监测系统常见的传感器、执行器和采集器作为任务实施对象，任务结构图如图3-3所示。任务将贯穿物联网工程实施整个设备安装阶段，让读者掌握物联网技术中网络设备、感知设备和执行器设备安装技巧。

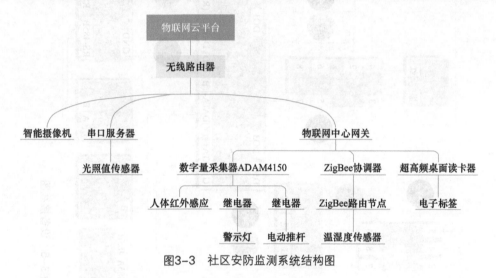

图3-3　社区安防监测系统结构图

1．设备工位布局

根据图3-4，完成社区安防监测系统设备安装与布局。

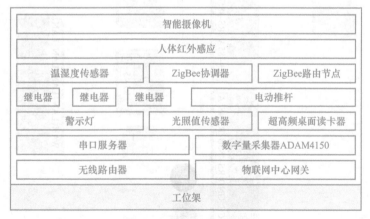

图3-4　布局示意图

2．设备接线

根据图3-5，完成社区安防监测系统设备安装与接线任务。

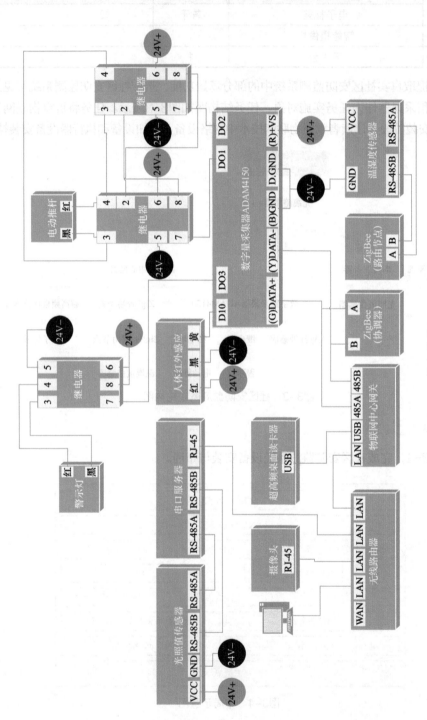

图3-5 设备接线图

3. 设备地址和端口划分

根据表3-12的内容，对社区安防监测系统设备地址或端口进行配置。

表3-12　设备地址或端口配置

设 备 名 称	地址或端口
无线路由器	192.168.0.1/24
计算机	192.168.0.2/24
智能摄像机	192.168.0.3/24
物联网中心网关	192.168.0.4/24
串口服务器	192.168.0.5/24
数字量采集器ADAM4150	01
温湿度传感器	02
光照值传感器	03

4. 路由器配置

计算机连接到无线路由器LAN口，打开无线路由器配置界面，设置路由器LAN口地址、子网掩码、网关等参数，见表3-13。开启路由器2.4GHz无线网络，设置无线网络名称为"newland"，添加无线网络加密方式为WPA模式，设置路由器上网模式为动态IP方式。

表3-13　路由器参数配置

参　　数	配 置 内 容
路由器LAN口IP地址配置	192.168.0.1
路由器子网掩码配置	255.255.255.0
路由器无线网络名称配置	newland
路由器无线密码加密方式配置	WPA2-PSK/WPA-PSK
路由器上网方式配置	动态IP

5. 摄像头配置

计算机连接到摄像头的RJ-45接口，使用Guard Tools软件扫描摄像头，扫描完成后将摄像头地址修改为192.168.0.3，如图3-6所示。

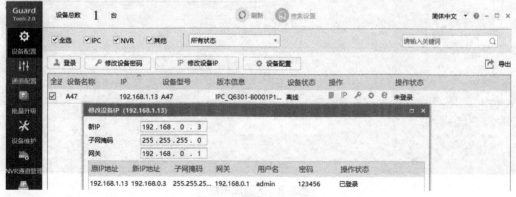

图3-6　摄像头地址配置

在IE浏览器端输入摄像头新IP地址，并使用默认用户名：admin、密码：admin123登录。登录成功后可以通过调整"变倍""对焦"使界面的显示效果清晰可见。第一次打开浏览器时需要按提示安装插件。

选择菜单中的"智能监控→智能功能配置→目标检测→人脸检测"的配置按钮⚙添加人脸库。

输入人脸信息，包括姓名、人脸底图等信息，姓名与人脸底图为必填项。底图大小应小于3M，分辨率在3000×4000以内，如图3-7所示。

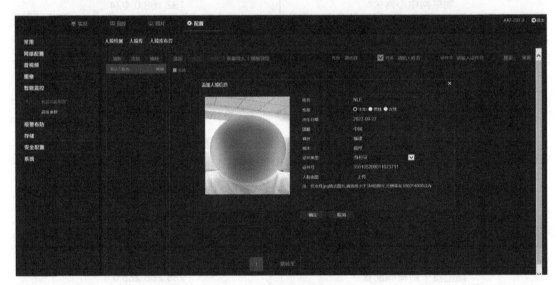

图3-7　摄像头底库添加

人脸库部署完毕后需要进行人脸布控，选择配置中的人脸布控，填写布控任务名称和布控原因，其他保持默认，最后必须选择所要布控的人脸库，如图3-8所示。

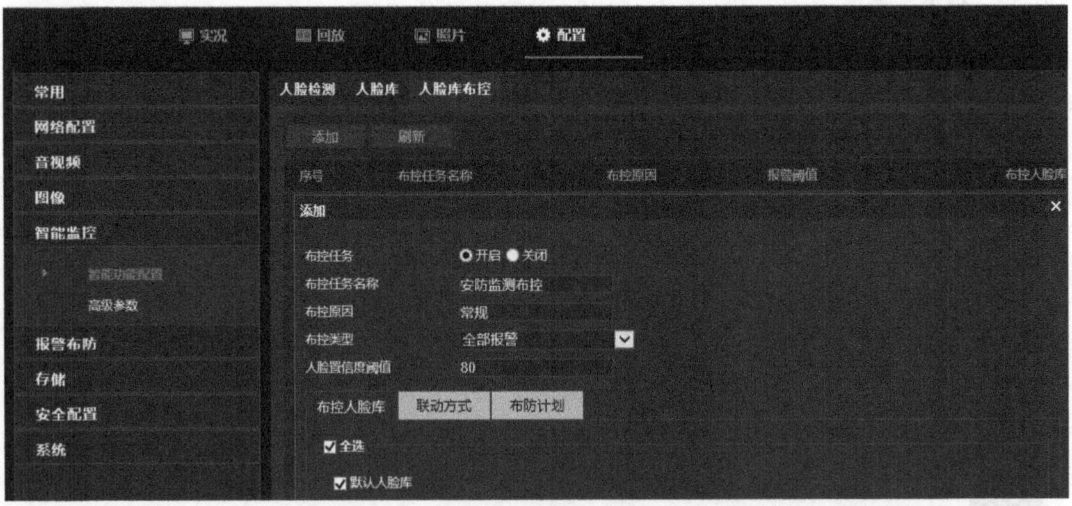

图3-8　人脸库布控

在"智能功能配置→人脸检测"中，将人脸识别选项开启，如图3-9所示。

返回实况界面，单击■按钮开始抓拍。抓拍过程中将会把抓拍到的图像与人脸库的照片进行比对，并给出比对结果值，如图3-10所示。

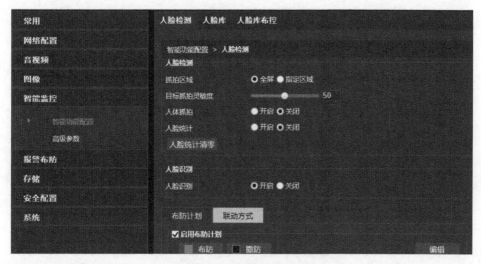

图3-9　人脸识别功能开启

图3-10　人脸识别结果

6. 物联网中心网关配置

物联网中心网关默认地址为192.168.1.100/24，若要进入到物联网中心网关配置界面，需要修改计算机IP地址。打开计算机网卡，配置IP地址为192.168.1.2，子网掩码为255.255.255.0，如图3-11所示。

在计算机浏览器中输入物联网中心网关地址192.168.1.100。进入配置页面后再输入用户名和密码均为newland，系统验证登录信息成功后会自动登录到配置页面中，如图3-12所示。

计算机访问物联网中心网关配置界面，选择"设置网关IP地址"选项，修改物联网中心网关IP地址为192.168.0.4，如图3-13所示。

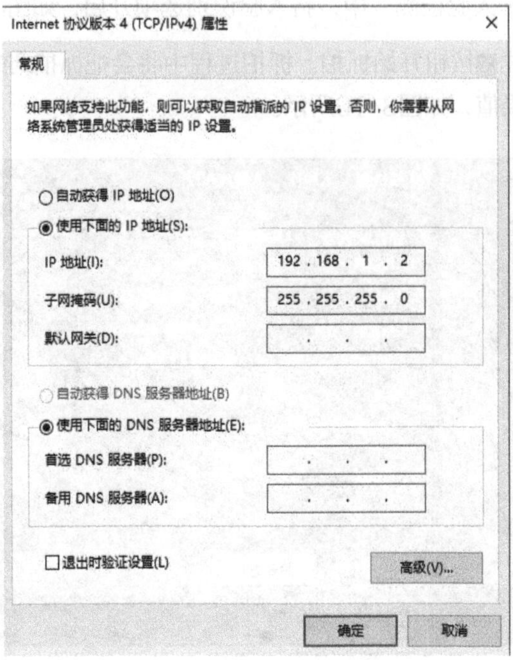

图3-11　计算机网卡地址配置

图3-12　物联网中心网关配置页面

图3-13　物联网中心网关配置

7. 串口服务器配置

串口服务器默认地址为192.168.14.200:8400/24，若要进入到物联网中心网关配置界面，需要把计算机IP地址修改为网关地址同一网络中。打开计算机网卡，配置IP地址为192.168.14.2，子网掩码255.255.255.0。完成地址配置后打开浏览器输入192.168.14.200:8400地址，进入到串口服务器配置页面，如图3-14所示。

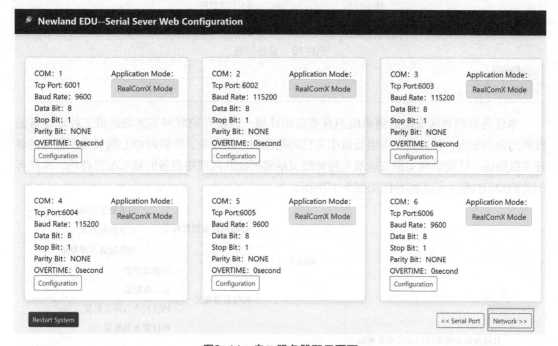

图3-14　串口服务器配置页面

单击"Network"按钮，修改串口服务器地址为192.168.0.5，子网掩码为255.255.255.0，如图3-15所示。

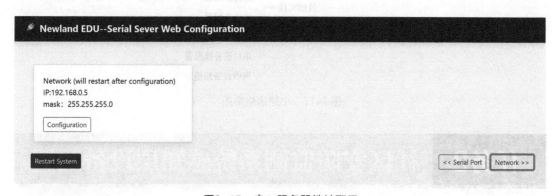

图3-15　串口服务器地址配置

8. 网络设备扫描

在计算机中打开Advanced IP Scanner软件，配置软件扫描地址范围为192.168.0.1-192.168.0.200，完成后单击"扫描"按钮，如图3-16所示。该软件可扫描到在

192.168.0.X网络中的所有设备信息。

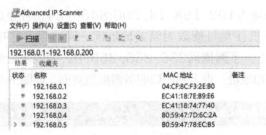

图3-16 设备扫描

任务小结 ◀

本任务紧贴社区安防监测系统的真实应用环境，以提升物联网实施与运维工程师设备配置能力为出发点，针对真实应用场景中常见的路由器、摄像头、物联网中心网关等配置方法展开实践训练，让物联网实施与运维工程师能灵活掌握物联网网络设备的基本配置技巧。本任务相关的知识技能小结思维导图如图3-17所示。

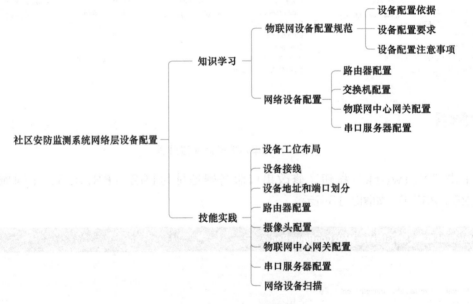

图3-17 小结思维导图

任务2 社区安防监测系统感知层设备配置

职业能力目标 ◀

● 能根据设备产品说明书，完成设备配置

- 能使用设备上位机软件，完成设备参数值修改

- 能使用物联网中心网关，实现设备实时数据查看和设备控制

任务描述与要求

    任务描述：在任务1的基础上，根据物联网各类设备产品说明书，实现社区安防监测系统感知设备配置，并运用设备的上位机软件修改设备性能参数，通过物联网中心网关进行社区安防监测设备数据实时查看和设备控制。

    任务要求：

- 能根据设备产品说明书，完成设备配置操作

- 能根据设备上位机软件，完成设备参数设置

- 能使用物联网中心网关，完成设备数据实时查看和设备控制

知识储备

一、低功率广域网设备配置

    低功率广域网络（PWAN）是一种用在物联网的感测器，可以用低比特率进行长距离通信的无线网络。低电量需求、低比特率与使用时机可以用来区分LPWAN与无线广域网络，无线广域网络被设计来连接企业或用户，可以传输更多资料但也更耗能。

1．LoRa设备配置

    LoRa是一个低功耗局域网无线标准，其最大特点是在同样的功耗条件下比其他无线方式传播的距离更远，实现了低功耗和远距离的共同特性。目前市面上基于LoRa技术的通信设备功能主要有串口转换、数据采集等。

    （1）传输模式配置

    LoRa设备常见的工作模式包含透传模式、主从模式等。当设备工作为透传模式时，LoRa设备信道、速率相同即可实现设备之间通信。当设备工作为主从模式时，LoRa设备信道相同、地址不同时可实现设备之间通信。

    （2）LoRa设备网络参数配置

    LoRa设备包含PAN ID、通道、设备ID、波特率等参数，再配置时需确保多个LoRa设备的PAN ID、通道参数一致，设备ID不同，方可进行网络组网。LoRa设备网络参数配置见表3-14。

表3-14　LoRa设备网络参数配置

常见网络参数	功　能
PAN ID	网络标识符
通道	信息传递过程中的流通渠道
设备ID	设备标识符
波特率	数据信号调制载波的速率

2. NB-IoT设备配置

若物联网工程项目应用于偏远地区或综合布线难度较大时，可使用窄带物联网（Narrow Band Internet of Things，NB-IoT）技术来实现数据采集和传输。NB-IoT构建于蜂窝网络，只消耗大约180kHz的带宽，可直接部署于GSM网络、UMTS网络或LTE网络，以降低部署成本、实现平滑升级。

（1）网络供应商选择

使用NB-IoT设备进行网络互联时，需要选择网络供应商并插入NB-IoT卡，目前市场上主流的NB-IoT网络供应商有中国移动、中国联通。NB-IoT与手机SIM卡在功能上比较一致，默认开通数据业务，可选开通短信业务，但是不支持语音、彩信等业务，移动供应商NB-IoT卡如图3-18所示。

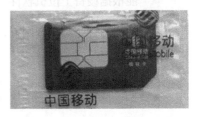

图3-18　移动供应商NB-IoT卡

（2）网络参数配置

选择好设备网络供应商的后，还需对NB-IoT设备常见的网络参数进行配置，具体参数内容见表3-15。

表3-15　NB-IoT设备常见参数配置

常见配置参数	功　能
工作模式	用于设备数据传输，常见有TCP/UDP、MQTT、HTTP等
波特率	数据信号调制载波的速率
目标地址	接收数据设备地址
目标端口	接收数据设备端口

二、短距离无线设备配置

短距离无线通信的特点是通信距离短，覆盖范围一般在几百米之内，发射器的发射功率较低，一般小于100mW。在物联网工程项目中短距离无线通信技术的应用范围很广，其设备有着低成本、对等通信等重要特征。

1. Wi-Fi设备配置

Wi-Fi设备采用Wi-Fi技术进行数据无线收发操作，属于物联网传输层。该类设备内置无线网络协议栈以及TCP/IP栈，Wi-Fi设备大多应用在无线智能家居等场景中。目前Wi-Fi技术越来越普及，搭载Wi-Fi技术的设备能方便一般用户快速部署。

（1）网络连接方式配置

Wi-Fi设备连接方式一般包含AP模式和自组网模式。基于AP的无线网络是由AP创建，众多终端加入所组成的无线网络，网络中所有的通信都通过AP来转发完成。基于自组网的无线网络（Adhoc）也称为自组网，仅由两个及以上终端组成，网络中不存在AP，这种类型的网络是一种松散的结构，网络中所有的终端都可以直接通信。

对Wi-Fi设备进行初始化后一般使用自组网模式进入设备配置页面，具体步骤如下：

1）准备两台以上拥有无线网卡的网络设备。

2）设置需要互联设备的IP地址在同一网络段。

3）设置接收端的SSID等参数。

4）接入端设备搜索区域内的SSID无线节点，连接即可。

（2）网络参数配置

登录到Wi-Fi设备后，需要把Wi-Fi设备连接到其他无线网络中，可修改Wi-Fi设备为AP模式，并配置接入参数，常见的Wi-Fi模块设备参数配置见表3-16。

表3-16　Wi-Fi模块设备参数配置

常见配置参数	功　　能
无线名称	设置无线网络名称
无线密码	设置无线网络密码
密码认证类型	一般用户来说采用WPA-PSK或WPA2-PSK
无线信道	2.4G频段的划分为13个信道，各信道中心频率相差5MHz，向上向下分别扩展11MHz，信道带宽22MHz

2. ZigBee设备配置

ZigBee设备是一种速率比较低的双向无线网络，既能够实现近距离操作，又可降低能源的消耗。ZigBee通信设备包含ZigBee协调器、ZigBee路由器节点和ZigBee终端节点。工程实施时需要配置节点模式才能进行数据收发操作。

1）ZigBee协调器是网络各节点信息的汇聚点，是网络的核心节点，负责组建、维护和管理网络，并通过串口实现各节点与上位机的数据传递。ZigBee协调器有较强的通信能力、处理能力和发射能力，能够把数据发送至远程控制端。

2）ZigBee路由器节点负责转发数据资料包，进行数据的路由路径寻找和路由维护，允许节点加入网络并辅助其子节点通信。路由器节点是终端节点和协调器节点的中继，它为终端节点和协调器节点之间的通信进行接力。

3）ZigBee终端节点可以直接与协调器节点相连，也可以通过路由器节点与协调器节点相连。

（1）ZigBee设备组网模式配置

ZigBee设备由协调器和若干路由器节点组成，配置时需区分设备。配置ZigBee设备时首先需要确定ZigBee设备模式类型，ZigBee设备模式配置见表3-17。

表3-17　ZigBee设备模式配置

常 见 模 式	功 能
Router	Router模式又称路由节点，该模式一般用于连接传感器设备
Coordinator	Coordinator模式又称协调器，该模式一般用于汇聚子节点设备数据

（2）ZigBee设备网络参数配置

ZigBee设备包含PAN ID、通道、设备ID、波特率等参数，配置时需确保多个ZigBee设备的PAN ID、通道参数一致，设备ID不同，方可进行网络组网。ZigBee设备网络参数配置见表3-18。

表3-18　ZigBee设备网络参数配置

常见网络参数	功 能
PAN ID	网络标识符
通道	信息传递过程中的流通渠道
设备ID	设备标识符
波特率	数据信号调制载波的速率

三、总线型设备配置

总线型传感器设备采用有线传输介质作为通信介质，所有的设备都通过相应的硬件接口直接连接到通信介质并实现设备数据收发。

1. RS-485总线型设备配置

RS-485是由电信行业协会和电子工业联盟定义的电气特性的标准。使用该标准的设备能在近距离条件下以数字通信网络进行有效传输信号。配置RS-485总线型设备前需阅读设备产品说明书，不同的设备配置方法有所不同，基本配置的内容见表3-19。

表3-19　RS-485总线型设备基本参数配置

常见配置参数	功 能
设备地址	识别设备连接通道
波特率	数据信号调制载波的速率
数据位	设备的数据位设置值，常使用8
校验位	设备的校验位设置值，常使用none
停止位	设备的停止位设置值，常使用1

2. CAN总线型设备配置

CAN是控制器局域网络的缩写，是ISO国际标准化的串行通信协议。CAN总线属于工业现场总线的范畴，与一般的通信总线相比，CAN总线的数据通信具有突出的可靠性、实时性和灵活性。CAN总线型设备常见参数配置见表3-20。

表3-20　CAN总线型设备常见参数配置

常见配置参数	配 置 内 容
设备模式	TCP、UDP等
目标地址	目标设备IP地址信息
目标端口	目标设备端口信息

任务实施前必须先准备好以下设备和资源。

序　号	设备/资源名称	数　量	是否准备到位（√）
1	无线路由器	1	
2	物联网中心网关	1	
3	数字量采集器ADAM4150	1	
4	ZigBee节点盒	2	
5	超高频桌面读卡器	1	
6	继电器	3	
7	人体红外开关	1	
8	警示灯	1	
9	电动推杆	1	
10	光照值传感器	1	
11	云平台	1	
12	研华ADAM4150上位机软件	1	
13	ZigBee节点盒上位机软件	1	
14	超高频桌面读卡器上位机软件	1	

　　本任务将在任务1的基础上，进一步完成物联网技术中的感知设备配置工作，并运用物联网中心网关完成传感器、执行器的数据采集、执行操作，让读者能掌握社区安防监测系统中常见传感器设备配置技巧和物联网中心网关设备添加、数据查看技巧。

1. 光照值传感器配置

　　物联网工程师先阅读光照值传感器产品说明书，查看该设备配套的上位机和设备修改命令，光照值传感器（485型）设备配置命令见表3-21。

表3-21　光照值传感器（485型）设备配置命令

常见配置内容	十六进制命令
获取设备地址	fe 03 00 00 00 02 X X（其中X代表校验码）
修改设备地址	原地址 06 00 00 00 00 新地址 X X（其中X代表校验码）

计算机通过串口与光照值传感器互联，打开串口调试助手查看光照值传感器地址值，如图3-19所示。使用"fe 03 00 00 00 02 X X"命令查询原地址（X X指代地址），再用"原地址 06 00 00 00 新地址 X X"命令修改设备地址为03。

图3-19　光照值传感器地址配置

2. 温湿度传感器配置

计算机使用串口调试助手与温湿度传感器互联，打开温湿度传感器上位机软件，单击"自动获取当前波特率与地址"按钮，再设置设备地址为2，如图3-20所示。

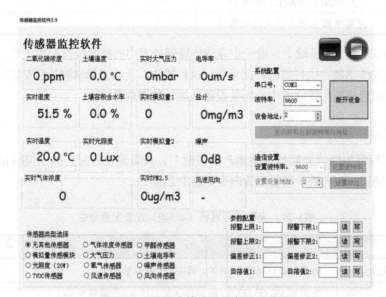

图3-20　温湿度传感器设备地址修改

3. ZigBee协调器配置

计算机串口与ZigBee设备接口相连，运行ZigBee设备上位机软件ZigBeeConfigTool，如图3-21所示，选择串口号后单击"打开串口"按钮。

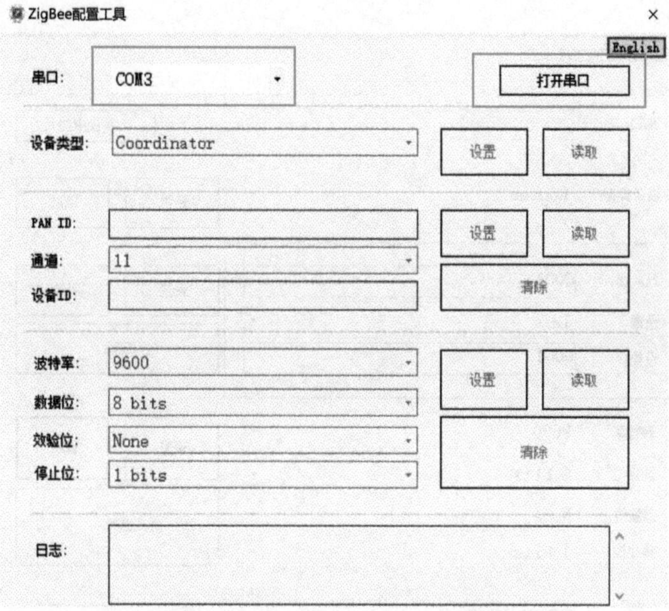

图3-21　ZigBee上位机软件连接

单击ZigBee配置工具软件的"读取"按钮，读取ZigBee设备的参数信息。再配置ZigBee设备类型为"Coordinator"、PAN ID、通道、设备ID等参数，如图3-22所示。

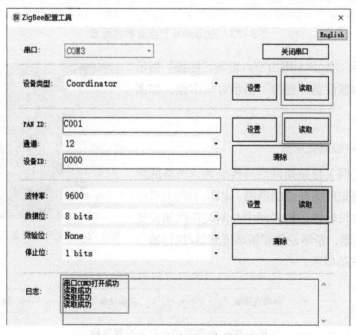

图3-22　ZigBee主节点盒数据配置

4. ZigBee路由节点配置

设备使用485接口连接计算机，打开ZigBee配置工具软件，配置ZigBee设备类型为"Router"、PAN ID、通道、设备ID等参数，如图3-23所示，其中PAN ID、通道参数需和从设备一致。

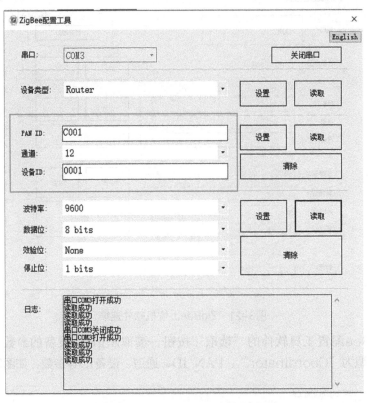

图3-23 ZigBee从节点盒数据配置

配置完成后，ZigBee路由节点设备"连接"指示灯将闪烁，协调器设备"连接"指示灯将常亮，如图3-24所示。

5. 物联网中心网关配置

物联网中心网关是感知网络与传统通信网络的纽带，可以实现感知网络与通信网络，以及不同类型感知网络之间的协议转换。物联网中心网关在添加设备时分为新增连接器、新增设备和新增传感器/执行器三个步骤，如图3-25所示。

图3-24 ZigBee设备工作指示灯状态

图3-25 物联网中心网关配置流程

在社区安防监测系统的物联网中心网关中需要创建3个"新增连接器"，分别为：RS-485、串口服务器、UHF；4个"新增设备"，分别为ADAM4150、温湿度传感器、光照值传感器、超高频桌面读卡器；5个"新增传感器/执行器"，分别为电动推杆、警示灯、人体红外感应、温度、湿度，如图3-26所示。

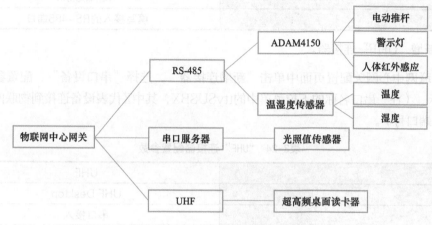

图3-26　物联网中心网关配置内容

（1）新增连接器

连接器是物联网中心网关管理相同类型设备的总控制台，在物联网中心网关"新增连接器"选项中包含"串口连接器"和"网络连接器"两大类。通过RS-232/RS-485或串行服务器连接到网关的物联网设备必须使用"新增串口连接器"选项，通过TCP/IP网络连接到网关的物联网设备必须使用"网络连接器"选项。

1）新增"RS-485"连接器。

在物联网中心网关配置页面中单击"新增连接器"，选择"串口设备"，配置参数见表3-22。

表3-22　"RS-485"连接器配置参数

连接器名称	RS-485
连接器设备类型	Modbus over Serial
设备接入方式	串口接入
波特率	9600
串口名称	勾选接入端口名称

2）新增"串口服务器"连接器。

在物联网中心网关配置页面中单击"新增连接器"，选择"串口设备"，配置参数见表3-23。

表3-23 "串口服务器"连接器配置参数

连接器名称	串口服务器
连接器设备类型	Modbus over Serial
设备接入方式	串口服务器接入
串口服务器IP	192.168.0.5
串口服务器端口	填写接入的RS-485端口

3)新增"UHF"连接器。

在物联网中心网关配置页面中单击"新增连接器",选择"串口设备",配置参数见表3-24所示。(注:串口名称的下拉菜单中的ttySUSBX,其中X代表设备连接到物联网中心网关的USB端口号)。

表3-24 "UHF"连接器配置参数

连接器名称	UHF
连接器设备类型	UHF Desktop
设备接入方式	串口接入
波特率	57600
串口名称	勾选接入端口名称

（2）新增设备

在物联网应用中有的设备类似于中间件,集成了设备之间的数据传递、设备控制等功能,如ADAM4150、ZigBee、LoRa等。为了对该类设备以及该设备下属设备进行统一管理,需要在物联网中心网关中"新增设备"。

1)新增"ADAM4150"设备。

选中"RS-485"连接器,单击"新增"按钮,配置参数见表3-25。

表3-25 "ADAM4150"设备配置参数

设备名称	ADAM4150
设备类型	4150
设备地址	01

2)新增"温湿度传感器"设备。

选中"RS-485"连接器,单击"新增"按钮,配置参数见表3-26。由于两个ZigBee节点盒采用透传模式,配置时物联网中心网关只需以RS-485连接方式配置温湿度传感器。

表3-26 "温湿度传感器"设备配置参数

设备名称	温湿度传感器
设备类型	温湿度传感器（RS-485）
设备地址	02

3）新增"光照值传感器"设备。

选中"串口服务器"连接器，单击"新增"按钮，配置参数见表3-27。

表3-27 "光照值传感器"设备配置参数

设备名称	光照值传感器
设备类型	光照值传感器（485型）
设备地址	03
标识名称	illumination

4）新增"超高频桌面读卡器"设备。

选中"UHF"连接器，单击"新增"按钮，配置参数见表3-28。

表3-28 "超高频桌面读卡器"设备配置参数

配置内容	参数
传感名称	超高频桌面读卡器
标识名称	UHF
传感类型	RFID超高频

（3）新增执行器/传感器设备

在"新增设备"配置完成后，就可以添加该设备下属的执行器和传感器。

1）新增"电动推杆"执行器。

选中"ADAM4150"设备，单击"新增执行器"按钮，配置参数见表3-29。

表3-29 "电动推杆"执行器配置参数

配置内容	参数
设备名称	电动推杆
标识名称	linearAc
传感类型	电动推杆
前进通道号	DO1
后退通道号	DO2

2）新增"警示灯"执行器。

选中"ADAM4150"设备，单击"新增执行器"按钮，配置参数见表3-30。

表3-30 "警示灯"执行器配置参数

设备名称	警示灯
标识名称	alarm
传感类型	警示灯
可选通道号	DO3

3）新增"人体红外感应"传感器。

选中"ADAM4150"设备，单击"新增传感器"按钮，配置参数见表3-31。

表3-31 "人体红外感应"传感器配置参数

设备名称	人体红外感应
标识名称	infrared
传感类型	人体
可选通道号	DI0

4）新增"温度"传感器。

选中"温湿度传感器"设备，单击"新增传感器"按钮，配置参数见表3-32。

表3-32 "温度"传感器配置参数

设备名称	温度
标识名称	temperature
传感器类型	485总线温度传感器

5）新增"湿度"传感器。

选中"温湿度变送器"设备，单击"新增传感器"按钮，配置参数见表3-33。

表3-33 "湿度"传感器配置参数

设备名称	湿度
标识名称	humidity
传感器类型	485总线湿度传感器

6. 物联网中心网关设备数据查看

完成所有配置后单击物联网中心网关数据监控选项，可查看创建的设备实时数据，或者运行控制执行器，如图3-27所示。

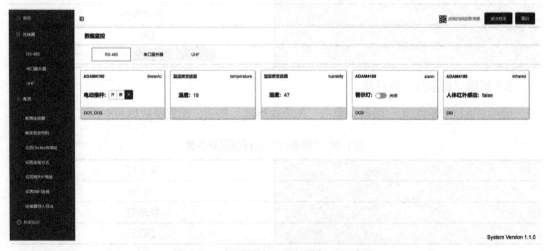

图3-27 物联网中心网关数据监控查看

任务小结

本任务在任务1的基础上，对社区安防监测系统传感器、执行器、无线传输设备等设备配置方法进行了讲解，还对物联网中心网关添加各个传感器、执行器设备的操作步骤进行了介绍，让读者能掌握物联网各类设备的配置技巧。本任务的相关知识技能小结思维导图如图3-28所示。

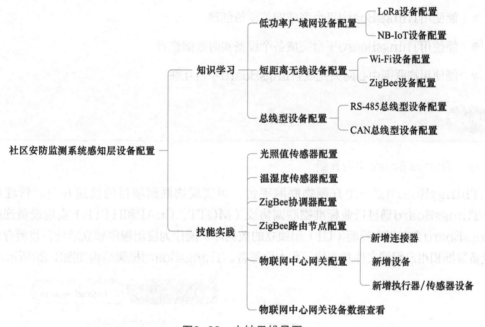

图3-28　小结思维导图

任务拓展

请尝试把智能摄像机添加到物联网中心网关中。

任务3　社区安防监测系统设备数据采集

职业能力目标

- 能配置ThingsBoard平台，实现物联网项目设备添加操作

- 能配置ThingsBoard平台，实现设备实时数据查看

- 能使用物联网中心网关，实现ThingsBoard平台互联

任务描述：在前续任务的基础上，本任务需修改物联网中心网关连接方式，实现ThingsBoard平台互联，并根据社区安防监测项目完成ThingsBoard网关添加，以及设备最新遥测值查看和修改ThingsBoard登录账户基本信息。

任务要求：

● 能使用ThingsBoard平台完成网关设备创建

● 能使用ThingsBoard平台完成各个设备实时数据查看

● 能使用物联网中心网关完成ThingsBoard平台互联

知识储备 ◀

一、ThingsBoard平台介绍

ThingsBoard是一个开源物联网平台，可实现物联网项目的快速开发、管理和扩展，ThingsBoard通过行业标准物联网协议（MQTT、CoAP和HTTP）实现设备连接。ThingsBoard含有用户界面（UI）和独立的数据库，能作为应用程序独立运行，也能存储接入设备数据和用户配置文件并支持云和本地部署。ThingsBoard框架结构如图3-29所示。

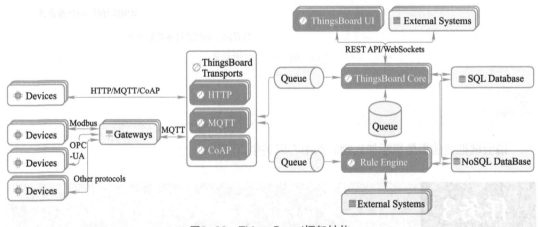

图3-29　ThingsBoard框架结构

ThingsBoard目前推出有专业版和社区版，其中社区版提供开源使用，ThingsBoard系统界面如图3-30所示。ThingsBoard社区版功能包含：

1）属性：为你的自定义实体分配键值属性（如配置、数据处理、可视化参数）的平台功能。

2）遥测：用于收集时间序列数据和相关用例的API数据。

3）实体和关系：创建物理模型对象（如设备和资产）及它们之间的关系。

4）数据可视化：提供部件、仪表板、仪表板状态等可视化功能。

5）规则引擎：对传入遥测和事件的数据进行处理和操作。

6）RPC：从应用程序推送API和部件命令至设备，亦可反向推送。

7）审计日志：跟踪用户活动和API调用情况。

8）API限制：控制在指定时间内主机对API的请求情况。

9）高级过滤器：过滤实体字段、属性和最新遥测。

图3-30 ThingsBoard系统界面

二、ThingsBoard平台功能

1. ThingsBoard权限

ThingsBoard提供了用户界面和REST API操作，方便在IoT应用程序配置和管理多种实体类型及其关系。ThingsBoard中能使用操作用户界面和REST API的人员包括租户、客户和用户。

1）租户：ThingsBoard可以将租户视为独立的业务实体，拥有设备和资产的个人或组织，租户可创建多个租户管理员和数百万个客户。

2）客户：客户也是一个独立的实体，使用租户下的设备、资产，客户可创建多个用户以及数百万个设备和资产。

3）用户：用户能够浏览仪表板和管理实体。

以系统管理员身份登录ThingsBoard后，可创建租户账号。单击左侧菜单中"租户"选项，再单击租户区域的"+"按钮，新增租户，如图3-31所示。

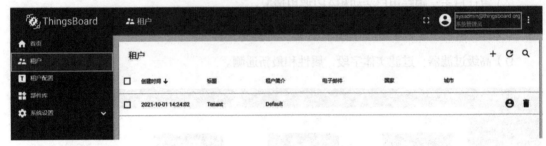

图3-31 ThingsBoard租户创建步骤

以租户身份登录ThingsBoard后，可创建客户账号。单击左侧菜单中"客户"选项，再单击客户区域的"+"按钮，新增客户，如图3-32所示。

图3-32 ThingsBoard客户创建步骤

ThingsBoard创建完客户后，可以在客户中创建用户，如图3-33所示，单击创建的客户，在弹出的窗口中选择"管理用户"，再根据系统提示填写用户信息和验证用户登录邮箱。

图3-33　ThingsBoard用户创建步骤

2. ThingsBoard资产

ThingsBoard资产可看成一类设备的统称，绑定在租户和客户名下，归属于设备的一个属性。ThingsBoard租户管理员可以创建、管理资产，也可以将资产分配给某些客户。租户管理员和客户用户能够管理资产服务器端属性和浏览资产警报，还能允许客户用户使用REST API或Web UI来获取资产数据。

选择左边菜单栏资产选项，单击资产区域"+"按钮，再单击"添加新资产"选项，如图3-34所示。

在添加资产菜单中，输入资产名称、类型、标签和说明后单击"添加"按钮，如图3-35所示。

图3-34　资产添加步骤

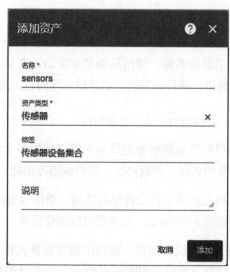

图3-35　资产参数配置

3. ThingsBoard设备

物联网是由各类设备组合而成的网络，ThingsBoard设备是各类设备的一种电子化表现形式。可以把各类真实设备通过MQTT、CoAP、HTTP等方式，把设备数据传递到绑定的ThingsBoard设备中。

选择左边菜单栏设备选项，单击设备区域"+"按钮，再单击"添加新设备"选项，如图3-36所示。

在"添加新设备"窗口中填写设备名称、标签、设备配置文件、是否网关等参数，完成后单击"添加"按钮，如图3-37所示。

图3-36　设备添加步骤　　　　　　　图3-37　设备参数配置

单击设备名称，弹出设备菜单窗口，在菜单窗口中可查看或修改设备详情、属性、遥测数据、警告、事件、关联、审计日志等内容，如图3-38所示。

4. ThingsBoard设备配置

租户管理员能够使用设备配置文件为多个设备配置通用参数，设备配置文件可以设置规则链、队列名称、传输协议、报警规则等功能。

选择左边菜单栏设备配置选项，单击设备配置区域"+"按钮，再单击"添加设备配置"选项，如图3-39所示，此步骤可以创建设备。

在"添加设备配置"窗口中填写设备名称、规则链、仪表库、列队名称等参数，完成后单击"添加"按钮，如图3-40所示。规则链填写Root Rule Chain表示系统默认总规则链，

Mobile dashboard填写创建的仪表板库名称，列队名称填写Main表示来自任何设备的所有传入消息和事件。

图3-38　设备详细信息查看

图3-39　设备配置创建步骤　　　　　　　　　图3-40　添加设备配置选项

任务实施

任务实施前必须先准备好以下设备和资源。

序 号	设备/资源名称	数 量	是否准备到位（√）
1	无线路由器	1	
2	物联网中心网关	1	
3	数字量采集器ADAM4150	1	
4	ZigBee节点盒	2	
5	超高频桌面读卡器	1	
6	继电器	3	
7	人体红外开关	1	
8	警示灯	1	
9	电动推杆	1	
10	光照值变送器	1	
11	云平台	1	

在本项目任务2的基础上，进一步完成ThingsBoard平台配置，通过物联网中心网关连接ThingsBoard平台，并在ThingsBoard平台上创建设备网关，以实现传感器、执行器的数据采集和执行操作，让读者能掌握社区安防监测系统中ThingsBoard平台配置技巧和物联网中心网关配置ThingsBoard连接方式。

1. ThingsBoard平台网关配置

进入ThingsBoard平台，选择菜单栏"设备"选项，在设备页右上角单击"+"按钮添加新设备，如图3-41所示，填写新设备名称为"物联网中心网关"，Lable填写"物联网中心网关"，Transport type选项默认为"Default"，勾选"是网关"选项，完成后单击"添加"按钮。

单击刚创建的网关设备，在弹出的设备详细信息页单击"复制访问令牌"按钮，如图3-42所示。

图3-41　ThingsBoard网关创建

图3-42　ThingsBoard网关访问令牌复制

2. 物联网中心网关配置

回到物联网中心网关配置页，单击菜单栏中的"设置连接方式"选项，再单击"TBClient"右上角的编辑图标，在弹出的页面中填写MQTT服务端IP地址为tb. nlecloud. com，MQTT服务端端口为1883，Token表单粘贴复制的ThingsBoard网关访问令牌，如图3-43所示，完成后单击"确定"按钮。

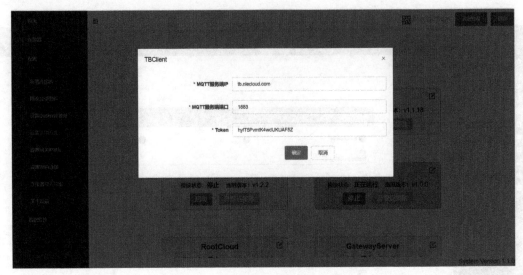

图3-43　物联网中心网关TBClient配置

进入ThingsBoard平台的设备页，可见自动创建了物联网中心网关添加的设备信息，如图3-44所示。

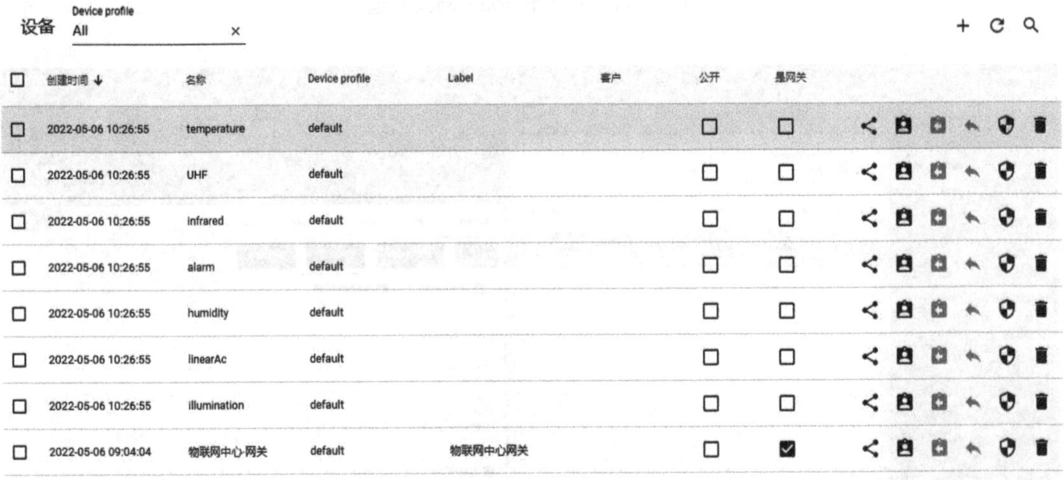

	创建时间 ↓	名称	Device profile	Label	客户	公开	是网关						
☐	2022-05-06 10:26:55	temperature	default			☐	☐	<	🗐	📥	↰	🛡	🗑
☐	2022-05-06 10:26:55	UHF	default			☐	☐	<	🗐	📥	↰	🛡	🗑
☐	2022-05-06 10:26:55	infrared	default			☐	☐	<	🗐	📥	↰	🛡	🗑
☐	2022-05-06 10:26:55	alarm	default			☐	☐	<	🗐	📥	↰	🛡	🗑
☐	2022-05-06 10:26:55	humidity	default			☐	☐	<	🗐	📥	↰	🛡	🗑
☐	2022-05-06 10:26:55	linearAc	default			☐	☐	<	🗐	📥	↰	🛡	🗑
☐	2022-05-06 10:26:55	illumination	default			☐	☐	<	🗐	📥	↰	🛡	🗑
☐	2022-05-06 09:04:04	物联网中心-网关	default	物联网中心网关		☐	☑	<	🗐	📥	↰	🛡	🗑

设备　Device profile　All　✕　　　　　　　　+　C　Q

图3-44　自动创建ThingsBoard平台设备信息

3. 传感器实时数据查看

单击ThingsBoard平台自动创建的"temperature"设备，选择"最新遥测数据"选项，如图3-45所示，可在最新遥测数据界面查看设备实时数据参数。

4. 执行器实时数据查看

单击ThingsBoard平台自动创建的"pull"设备，选择"最新遥测数据"选项，如图3-46所示，可在最新遥测数据界面查看设备实时数据参数。

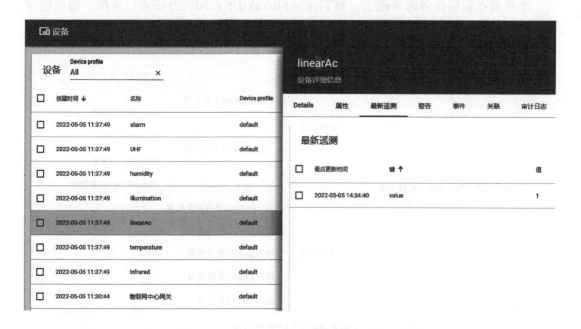

图3-45　ThingsBoard平台传感器设备信息查看

图3-46　ThingsBoard平台执行设备信息查看

5. 登录用户信息修改

单击ThingsBoard平台右上角账户"属性"按钮，进入属性配置界面中，如图3-47所示，该页面可以修改账户属性内容。

图3-47　ThingsBoard平台账户修改

任务小结

本任务在前续任务的基础上，对ThingsBoard平台配置方法进行讲解，通过创建ThingsBoard平台网关实现物联网中心网关已有设备上传、设备最新遥测值查看等操作。让物联网实施与运维工程师能掌握ThingsBoard平台设备的配置技巧。本任务的相关知识技能小结思维导图如图3-48所示。

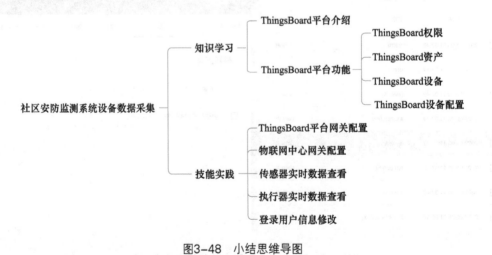

图3-48　小结思维导图

任务拓展

请尝试使用ThingsBoard查看infrared、humidity、alarm、illumination、temperature等设备的实时遥测数据值，并修改当前登录ThingsBoard的账户名称为学号。

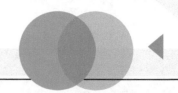

项目 ④

智慧交通——停车场管理系统监控与项目展示

引 导案例

随着我国汽车数量逐年增多，传统的停车场缺失人性化的管理运行机制，大多数的停车场因面对日益增长的停车需求而变得手足无措，车辆进出管理、收费过程、车位查询等变得越来越困难，费时费力同时也极其不便利。智慧交通——停车场管理系统是现代化城市建设中不可或缺的设施，它可以有效解决乱停车造成的停车混乱问题，促使停车正规化，也能减少车主担心车被盗的担忧，这直接关系到城市的现代化程度，智慧交通——停车场管理系统直接影响停车场管理的便捷性与高效性。

停车场管理系统通常分为出入口控制子系统、车位引导子系统、车位检测子系统和车位安全子系统等，有效地控制车辆出入、引导快速停车、显示车位情况和车位倾角等，记录所有详细资料，其拓扑结构如图4-1所示。为了实现对该系统的监控与展示，需要检测、安装、部署和调试好硬件设备和软件系统，对Docker容器和设备进行监测，并能够在云平台上查看相关数据，进行系统维护，保证其正常运行。

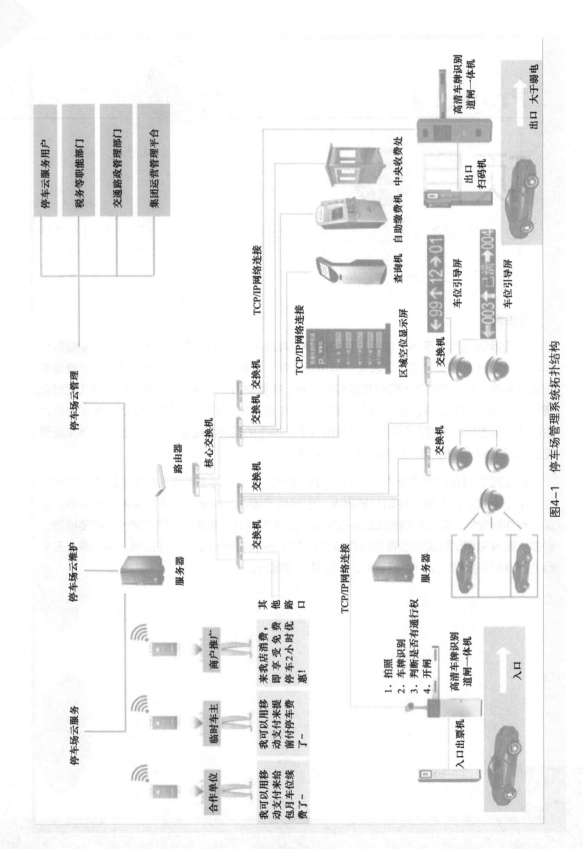

图4-1 停车场管理系统拓扑结构

任务1 停车场管理系统Docker容器监测

- 能结合停车场管理系统的需求，阅读安装部署的技术文档，按照安装布局图，熟练安装传感器、执行器等感知层设备以及进行适当的位置调整
- 能够掌握Docker的常用命令，进行容器监测

任务描述与要求 ◀

任务描述： L_B所在的L公司中标一个智慧交通——停车场管理系统建设项目。停车场管理系统建设过程中需要Docker容器进行监测，包括镜像查看、镜像拉取和容器状态监测等阶段。

为了完成任务，L_B在接到该任务后，组织团队对项目资料进行了分析整理，对Docker容器进行监测。

任务要求：

- 运用Docker命令进行版本和镜像查看
- 运用Docker命令进行镜像拉取和容器状态监测

一、Docker技术

Docker自2013年在云计算领域横空出世以来，给云计算乃至整个IT界带来了深远的影响。Docker是一个开源、跨平台、可移植和开源的应用容器引擎，基于Go语言并遵从Apache 2.0协议开源。它是以Docker容器为资源分割和调度的基本单位，封装整个软件运行时环境，将应用和依赖包放置到一个轻量级、可移植的容器中，发布到流行的Linux机器上，也可以实现虚拟化，是一个便于开发者和系统管理员构建、发布和运行分布式应用的平台。

1. Docker架构

Docker架构主要包括Client、DOCKER_HOST和Registry三部分，如图4-2所示。

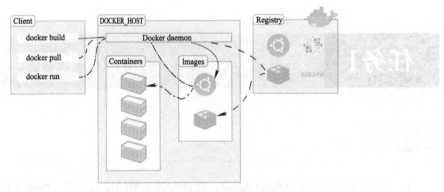

图4-2　Docker架构图

开发者通过Docker　Client（客户端）使用Docker的相关指令与Docker守护进程进行交互，从而进行Docker镜像的创建、拉取和运行等操作。

DOCKER_HOST即Docker内部引擎运行的主机，主要指Docker　daemon（Docker守护进程）。可以通过Docker守护进程与客户端还有Docker的镜像仓库Registry进行交互，从而管理Images（镜像）和Containers（容器）等。

Registry即Docker注册中心，实质就是Docker镜像仓库，默认使用的是Docker官方远程注册中心Docker　Hub，也可以使用开发者搭建的本地仓库。Registry中包含了大量的镜像，这些镜像可以是官网基础镜像，也可以是其他开发者上传的镜像。

Docker架构还包括Docker　Objects（Docker对象），例如Images（镜像）、Containers（容器）、Networks（网络）、Volumes　（数据卷）、Plugins（插件）等。其中常用的两个对象是Image和Containers。相关概念与说明见表4-1。

表4-1　Docker相关概念与说明

概　　念	说　　明
Docker镜像（Images）	Docker镜像是用于创建Docker容器的模板，比如Ubuntu系统
Docker容器（Containers）	容器是独立运行的一个或一组应用，是镜像运行时的实体
Docker客户端（Client）	Docker客户端通过命令行或者其他工具使用Docker SDK与Docker的守护进程通信
Docker主机（Host）	一个物理或者虚拟的机器用于执行Docker守护进程和容器
Docker Registry	Docker仓库用来保存镜像，可以理解为代码控制中的代码仓库。Docker Hub提供了庞大的镜像集合供使用。一个Docker Registry中可以包含多个仓库（Repository）；每个仓库可以包含多个标签（Tag）；每个标签对应一个镜像。 通常，一个仓库会包含同一个软件不同版本的镜像，而标签就常用于对应该软件的各个版本。可以通过<仓库名>:<标签>的格式来指定具体是这个软件哪个版本的镜像。如果不给出标签，将以latest作为默认标签
Docker Machine	Docker Machine是一个简化Docker安装的命令行工具，通过一个简单的命令行即可在相应的平台上安装Docker，比如VirtualBox、 Digital Ocean、Microsoft Azure

2. Docker镜像

Docker　Images（镜像）是一个特殊的文件系统，除了提供容器运行时所需的程序、库、资源、配置等文件外，还包含了一些为运行时准备的配置参数和一些创建Docker容器的操作指令。通常情况下，一个Docker镜像是基于另一个基础镜像创建的，并且新创建的镜像会额外包含一些功能配置。例如，开发者可以依赖于一个Ubuntu的基础镜像创建一个新镜像，并可以在新镜像中安装Apache等软件或其他应用程序。

镜像由多个层组成，每层叠加之后，从外部看来就如一个独立的对象。镜像通常都比较小，内部是一个精简的操作系统（OS），同时还包含应用运行所必须的文件和依赖包。Docker镜像相当于一个只读的模板，不包含任何动态数据，其内容在构建之后也不会被改变。镜像可以用来创建Docker容器，用户可以使用设备上已有的镜像来安装多个相同的Docker容器。镜像可以理解为一种构建时（build-time）结构，而容器可以理解为一种运行时（run-time）结构，如图4-3所示。

镜像
（构建时）

容器
（运行时）

图4-3 镜像与容器的关系

3. Docker容器

Docker容器是一个开源的应用容器引擎，让开发者可以以统一的方式打包他们的应用以及依赖包到一个可移植的容器中，然后发布到任何安装了Docker引擎的服务器上（包括流行的Linux机器、Windows机器），也可以实现虚拟化。几乎没有性能开销，可以很容易地在机器和数据中心中运行。最重要的是他们不依赖于任何语言、框架包括系统。

Docker Containers（容器）属于镜像的一个可运行实例，两者的关系类似于面向对象编程中的对象与类。开发者可以通过API接口或者CLI命令行接口来创建、运行、停止、移动、删除一个容器，也可以将一个容器连接到一个或多个网络中，将数据存储与容器进行关联。每个容器都是相互隔离的、保证安全的平台，可以把容器看作一个轻量级的Linux运行环境。

（1）Docker容器的特点

轻量化：一台主机上运行的多个Docker容器可以共享主机操作系统内核；启动迅速，只需占用很少的计算和内存资源。Docker为基于虚拟机管理程序的虚拟机提供了可行、经济、高效的替代方案，可以利用更多的计算能力来实现业务目标。Docker非常适合于高密度环境以及中小型部署，用更少的资源做更多的事情。

标准开放：Docker容器基于开放式标准，能够在所有主流Linux版本、Microsoft Windows以及包括VM、裸机服务器和云在内的任何基础设施上运行。

安全可靠：Docker赋予应用的隔离性不仅限于彼此隔离，还独立于底层的基础设施。Docker默认提供最强的隔离，因此应用出现问题，也只是单个容器的问题，而不会波及整台主机。

（2）Docker容器与传统VM的区别

传统VM在硬件层面实现虚拟化，需要有额外的虚拟机管理应用和虚拟机操作系统层。每个虚拟机都包括应用程序、必要的二进制文件和库以及一个完整的客户操作系统（Guest OS），尽管它们被分离，它们共享并利用主机的硬件资源。

Docker容器使用Docker引擎进行调度和隔离，提高了资源利用率，在相同硬件能力下可以运行更多的容器实例；每个容器拥有自己的隔离化用户空间。作为一种轻量级的虚拟化方式，其在应用方面具有显著优势，见表4-2。

表4-2　Docker容器与传统VM对比

对 比 项	Docker容器	VM
隔离性	较弱	较强
启动速度	秒级	分钟级
镜像大小	最小几MB	几百MB到几个GB
运行性能（与裸机比较）	损耗小于2%	损耗15%左右
镜像可移植性	平台无关	平台相关
密度	单机上支持100到1000个	单机上支持10到100个
安全性	1. 容器内的用户从普通用户权限提升为root权限，就直接具备了宿主机的root权限 2. 容器中没有硬件隔离，这使得容器容易受到攻击	1. 虚拟机租户root权限和主机的root虚拟机仅限是分离的 2. 硬件隔离技术：防止虚拟机突破和彼此交互

4. Docker运行流程

Docker运行流程如图4-4所示，Docker使用客户端/服务器（C/S）架构模式，Docker守护进程（Docker daemon）作为Server端接收Docker客户端的请求，并负责创建、运行和分发Docker容器。Docker守护进程一般在Docker主机后台运行，用户使用Docker客户端直接跟Docker守护进程进行信息交互。

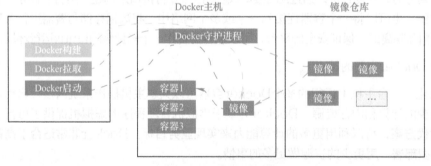

图4-4　Docker运行流程

Docker客户端是用于和Docker守护进程建立通信的客户端。Docker客户端只需要向Docker服务器或者守护进程发出请求（Docker构建、Docker拉取和Docker启动等指令），服务器或者守护进程将完成所有工作并返回结果。

Docker构建是执行Docker构建指令，根据Docker文件构建一个镜像存放于本地Docker主机。

Docker拉取是执行Docker拉取指令，从云端镜像仓库拉取镜像至本地Docker主机或将本地镜像推送至远端镜像仓库。

Docker启动是执行Docker启动指令将镜像安装至容器并启动容器。

Docker主机：一个物理或者虚拟的机器用于执行Docker守护进程和容器。

Docker守护进程：接收并处理Docker客户端发送的请求，监测Docker API的请求和管理Docker对象，比如镜像、容器、网络和数据卷。

5. Docker优势

Docker是一个用于开发，交付和运行应用程序的开放平台。Docker允许开发人员使用提供的应用程序或服务的本地容器在标准化环境中工作，将应用程序与基础架构分开，以与管理应用程序相同的方式来管理基础架构，从而简化开发的生命周期。

（1）简化配置

Docker将运行环境和配置放在代码中然后部署，能够在降低额外开销的情况下，在硬件设施上运行各种配置不一样的平台（软件、系统）。同一个Docker的配置可以在不同的环境中使用，降低硬件要求和应用环境之间的耦合度。

（2）快速交互

开发人员在本地编写代码，并使用Docker容器与同事共享工作。Docker能将应用程序推送到测试环境中，并执行自动或手动测试。当开发人员发现错误时，他们可以在开发环境中对其进行修复，然后将其重新部署到测试环境中，以进行测试和验证。测试完成后，将修补程序推送给生产环境。通过利用Docker的方法来测试和部署代码，可以大大减少编写代码和在生产环境中运行代码之间的延迟，实现快速交付。

（3）快速部署和扩展

Docker允许高度可移植的工作负载。Docker容器可以在开发人员的本机上、数据中心的物理或虚拟机上、云服务上或混合环境中运行。Docker的可移植性和轻量级的特性还可以轻松地完成动态管理的工作负担，并根据业务需求指示，实时扩展或拆除应用程序和服务。

6. Docker应用场景

Docker容器具有开箱即用、快速部署、可移植性强、环境隔离等特点，常应用于开发、测试、部署服务等代码流水线应用、隔离应用、整合服务器应用、调试应用和多租户应用等。

（1）代码流水线（Code Pipeline）应用

Docker本身是轻量级的，本地开发人员可以构建、运行并分享Docker容器，容器可以在开发环境中创建，然后提交到测试，再到生产环境。代码从开发者的机器到最终在生产环境上的部署，需要经过很多中间环境。而每一个中间环境都有自己微小的差别，Docker给应用提供了一个从开发到上线均一致的环境，让代码的流水线变得简单。

（2）隔离应用

很多企业应用中，同一服务的不同版本可能服务于不同的用户。使用Docker隔离应用将一个整体式的应用拆分成松耦合的单个服务，创建不同的隔离环境来运行不同版本的服务。

（3）整合服务器应用

Docker可以整合多个服务器，在一个机器上运行不同的应用，降低成本。由于没有多个操作系统的内存占用，以及能在多个实例之间共享没有使用的内存，Docker可以提供更好的服务器整合解决方案。

（4）调试应用

Docker的轻量化特性便于在本地搭建调试环境，用来测试程序在不同系统下的兼容性，甚至集群式的测试环境。Docker提供很多工具，可以为容器设置检查点、设置版本和查看两个容器之间的差别，帮助调试Bug。

（5）多租户应用

在多租户的应用中，基本代码非常复杂，很难处理，重新规划这样一个应用不但消耗时间，也浪费金钱。使用Docker可以为每一个租户的应用层的多个实例创建隔离的环境，避免关键应用的重写，开发一个快速易用的多租户环境。

7. Docker常用命令

用户可以使用Docker相应的子命令和参数实现丰富强大的功能。由于Docker daemon负责接收并执行来自Docker命令行工具Docker的命令，它的运行需要root权限，因此Docker命令的执行一般都需要获取root权限，即在命令前加sudo。用户可以使用docker COMMAND（命令名称）--help命令来查看子命令的详细信息，包括子命令的使用方法及可用的操作参数。常用的命令见表4-3。

表4-3 Docker常用命令

命令分类	命 令
Docker环境信息	info、version
容器生命周期管理	create、exec、kill、pause、restart、rm、run、start、stop、unpause
镜像仓库命令	login、logout、pull、push、search
镜像管理	build、images、import、load、rmi、save、tag、commit
容器运维操作	attach、export、inspect、port、ps、rename、stats、top、wait、cp、diff、update
容器资源管理	volume、network
系统日志信息	events、history、logs

（1）Docker环境信息

docker info命令用于检查Docker是否正确安装。如果Docker正确安装，该命令会输出Docker的容器数量、镜像数量、存储驱动、内核版本和操作系统等配置信息。docker info命令一般与docker version命令结合使用，提取详细的Docker环境信息，如客户端和服务器的版本、API版本和GO版本。参考命令如下：

```
docker info
docker version
```

（2）docker run命令

docker run命令是Docker的核心命令之一，用来基于特定的镜像创建一个容器，并依据选项来控制该容器。使用方法如下：

docker run [OPTIONS] IMAGE [COMMAND] [ARG…]

Docker仓库提供了hello-world用于测试的镜像，可以使用docker run命令在本地生成新的容器。参考命令如下：

docker run hello-world

该命令从ubuntu镜像启动一个容器，并随机分配一个容器ID用于标识该容器。然后执行echo命令打印出"Hello World"。执行完命令后，容器停止运行。

该命令还有丰富的选项，如-i、-t、--name、-c、-m、-v和-p选项等。-i为interactive，为容器始终打开标准输入。-t为创建的容器分配一个伪tty终端。具体选型的功能可通过官方文档查知。

对于已经存在的容器，可以通过docker start/stop/restart命令来启动、停止和重启。

（3）docker pull命令

用于从Docker registry中拉取image或repository，便于用户在其现有基础上进行更改操作，加快应用的开发进程。该命令的使用方法如下：

docker pull [OPTIONS] NAME [:TAG@DIGEST]

选项中-a为拉取所有tagged镜像，--disable-content-trust为忽略镜像的校验，默认开启。例如从Docker Hub下载helloworld镜像，参考命令如下：

docker pull hello-world
docker images

（4）docker push命令

将本地的image或repository推送到docker Hub的公共或私有镜像库，以及私有服务器。使用方法如下：

docker push [OPTIONS] NAME [:TAG]

--disable-content-trust为忽略镜像的校验，默认开启。例如上传本地镜像myapache:v1到镜像仓库中，参考命令如下：

docker push myapache:v1

（5）docker images命令

列出主机上的镜像，可以判断其来自于官方镜像、私人仓库还是私有服务器。使用方法如下：

docker images [OPTIONS] [REPOSITORY [:TAG]]。

例如查看本地镜像列表，参考命令如下：

docker images

（6）docker rmi和docker rm命令

docker rmi命令用于删除镜像，docker rm命令用于删除容器。使用方法如下：

docker rm [OPTIONS] CONTAINER [CONTAINER…]

选项中-f为通过SIGKILL信号强制删除一个运行中的容器。-l为移除容器间的网络连接，而非容器本身。-v为删除与容器关联的卷。例如强制删除容器db01和db02，参考命令如下：

docker rm –f db01 db02

docker rmi [OPTIONS] IMAGE [IMAGE…]

选项中-f为强制删除，--no-prune为不移除该镜像的过程镜像，默认选项为移除。在删除镜像时，首先需要删除基于该镜像启动的容器。

（7）docker attach命令

连接正在运行的容器，观察该容器的运行情况，或与容器的主进程进行交互。使用方法如下：

docker attach [OPTIONS] container

--sig-proxy=false用来确保CTRL-D或CTRL-C不会关闭容器。例如容器mynginx将访问日志指到标准输出，连接到容器查看访问信息。

docker attach--sig-proxy=false mynginx

（8）docker inspect命令

查看镜像和容器的详细信息，默认会列出全部信息。通过-format参数来指定输出的模板格式，输出特定信息。使用方法如下：

docker inspect [OPTIONS] container|image [container|image…]

常用选项中，-f为指定返回值的模板文件，-s为显示总的文件大小，--type为指定类型返回JSON。例如查看mymysql容器详细信息，参考命令如下：

$ sudo docker inspect - format='{{range .NetworkSetting.Networks}}{{.IPAddress}}{{end}'mymysql
172.17.0.3

（9）docker ps命令

查看容器的CONTAINER ID、 NAMES、 IMAGE、STATUS、容器启动后执行的COMMAND、创建时间CREATED和绑定开启的端口PORTS等相关信息，默认只显示正在运行的容器的信息。使用方法如下：docker ps [OPTIONS]

常用的选项有-a和-l。-a参数可以查看所有容器，包括停止的容器；-l选项则只查看最新创建的容器，包括不在运行中的容器。例如查看本地镜像列表，参考命令如下：

docker ps

二、虚拟机终端

Docker并非一个通用的容器工具，它依赖于已存在并运行的Linux内核环境。Docker实质上是在已经运行的Linux下制造了一个隔离的文件环境，它执行的效率几乎等同于所部署的Linux主机。因此，Docker必须部署在Linux内核的系统上，如Ubuntu、Debian和CentOS上。如果其他系统想部署Docker就必须安装一个虚拟Linux环境。例如，在Windows上部署Docker的方法都是先安装一个虚拟机，然后在虚拟机上安装Linux系统，然后才能运行Docker。

Ubuntu是一个完全开源，基于Linux内核，以桌面应用为主的操作系统，是Linux发行版Debian系列的一个分支，也是世界主流的Linux发行版之一。因此，很多虚拟机都选择安装Ubuntu操作系统来搭建Docker运行环境。

1. Ubuntu操作系统结构

Ubuntu操作系统的结构分为应用程序、文件系统、shell和内核四大部分。内核、Shell和文件系统一起形成了基本的操作系统结构，它们使得用户可以很轻松地运行应用程序、管理文件并使用整个系统。

（1）应用程序

一个好的操作系统会提供一套方便于用户使用系统的应用程序，如文本编辑器、办公套件、Internet工具、数据库等。

（2）文件系统

文件系统是文件存放在存储设备（如磁盘）上的组织方法，如EXT2、EXT3、FAT、FAT32、VFAT等。

（3）Shell

Shell是操作系统的用户界面，提供了用户与内核进行交互操作的一种接口，是一个命令解释器。它接收用户输入的命令并把它送入内核去执行。

（4）内核

内核是操作系统的核心，是最基础的构件。采用单内核结构，执行请求内存资源、执行计算和连接网络等任务。

2. Ubuntu操作系统应用领域

（1）服务器应用领域

Ubuntu服务器版本主要用于网络服务器或网络应用程序服务器，还广泛用于文件服务器、数据库服务器、电子邮件服务器、备份服务器、DNS服务器、开发或测试服务器、安全服务器及虚拟化服务器等。同时，大型、超大型互联网企业(百度、Sina、淘宝等)都在使用Linux系统作为其服务器端的程序运行平台。不但使企业降低了运营成本，同时还获得了高稳定性和高可靠性，且无须考虑商业软件的版权问题。该系统已经渗透到电信、金融、政府、教育、银行、石油等各个行业，同时各大硬件厂商也相继支持该操作系统。

（2）嵌入式应用领域

由于Ubuntu操作系统开放源代码，功能强大、可靠、稳定性强、灵活而且具有极大的伸缩性，再加上它广泛支持大量的微处理器体系结构、硬件设备、图形支持和通信协议，因此，在嵌入式应用的领域里有着广阔的应用市场。Ubuntu有针对平板计算机的版本，可以用于车载系统、机顶盒和多媒体系统等。

（3）个人桌面应用领域

随着图形用户接口方面和桌面应用软件方面的发展，Ubuntu操作系统在桌面应用方面也得到了显著的提高，越来越多的桌面用户转而使用Ubuntu操作系统。其已经能够满足用户办公、浏览器上网浏览、收发电子邮件、文字编辑、多媒体应用、娱乐和信息交流的需求。

3. 虚拟机终端功能

AIoT平台中虚拟机终端的Ubuntu操作系统安装的是Docker引擎和docker-compose的Alpine Linux，如图4-5所示。

```
虚拟机终端          +

容器启动预计需要1-3分钟，请耐心等待...
容器正在启动......
容器正在启动中......
容器正在启动......
容器正在启动中......
容器正在启动......
容器正在启动中......
ssh连接中......
虚拟机IP：124.70.131.80 开放端口：30000-30100

*** SSH CONNECTION ESTABLISHED ***
Welcome to Alpine!

The Alpine Wiki contains a large amount of how-to guides and general
information about administrating Alpine systems.
See <http://wiki.alpinelinux.org/>.

You can setup the system with the command: setup-alpine

You may change this message by editing /etc/motd.

dp-pro-18065091847-67f77fb8db-wrvjm:~#
```

图4-5　虚拟机终端界面

虚拟机终端采用Docker容器技术，为每个用户提供一台独立的Linux虚拟机，使每个运行环境及资源相互独立，互不影响。用户通过命令输入方式在自己的虚拟机上安装部署IoT项目需要的软件，进行软件部署、监控资源占用和运行等情况。用户可以通过浏览器远程登录Linux虚拟机终端，进行传输层的项目软件部署，编辑关联的配置文件，实现对Modbus、ZigBee、LoRaWAN、CANbus等协议设备的南向对接，并将采集到的数据传输至北向的物联网云平台。实现物联网的感知层设备、网关及网络传输层、平台及应用层的数据链路完整性，保证底层数据采集到前端应用效果的展现。

同时，虚拟机终端引入ChirpStack、Node-RED、ThingsBoard、Home Assistant等丰富的开源物联网软件资源，融合工程仿真和行业设备，实现物联网的感知层设备、网关及网络传输层、平台及应用层的数据链路完整性，保证底层数据采集到前端应用效果的展现。

任务实施前完成与停车场管理系统相关的资料收集任务，准备好以下设备和资源。

序号	设备/资源名称	数量	是否准备到位（√）
1	限位开关	1	
2	RGB灯带	1	
3	RGB控制器	1	
4	红外对射传感器（发射端和接收端）	1	
5	三色灯	1	
6	继电器	3	
7	CAN接口双轴倾角传感器	1	
8	物联网中心网关	1	
9	数字量采集器ADAM4150	1	
10	CAN-ETH转换器	1	
11	无线路由器	1	
12	交换机	1	
13	PC	1	
14	万用表	1	
15	螺钉旋具、剥线钳和斜口钳等	1	
16	导线、螺钉、垫片、螺母、胶布和网线等	若干	

1. 容器监测环境搭建

（1）识读系统拓扑结构

本任务提取真实停车场管理系统中的部分场景功能，选取停车场管理系统常见的传感器、执行器和采集器作为任务实施对象。其中传感器有限位开关、红外对射传感器、数字量采集器ADAM4150和CAN接口双轴倾角传感器，执行器有继电器和三色灯。系统结构图如图4-6所示。

在停车场内，车位空闲显示为绿灯。当车辆进入到停车场时，采用红外对射传感器模拟车辆触发，触发信号进入数字量采集器ADAM4150，触发继电器动作，黄灯被点亮，表示车位已预约。RGB灯带闪烁，引导车辆进入车位。当车位上停有车辆，限位开关被触发，产生信号进入数字量采集器ADAM4150，触发继电器动作导致常闭断开，常开闭合，红灯被点亮。CAN接口双轴倾角传感器用于测量车位的倾斜角度。

（2）安装相关设备

根据停车场管理系统的安装部署图，明确各个设备的安装位置。设备安装的具体位置可参考图4-7，合理地布置。

（3）配置相关设备

配置无线路由器、物联网中心网关、CAN_ETH转换器和PC的IP地址见表4-4。

（4）连接相关设备

熟悉停车场管理系统的产品说明书，明确每个设备的电源电压和每个接口的信息（名称、数量、功能、正常时的状态），明确设备之间的接口连接和数据的传输，正确进行设备连接，如图4-8所示。

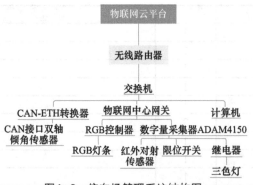

图4-6 停车场管理系统结构图

图4-7 安装部署图

表4-4 系统网络设备配置表

设备名称	默认IP地址	IP地址	账号/密码
无线路由器	http://tplogin.cn/	192.168.103.1	iot/12345678
物联网中心网关	192.168.1.100	192.168.103.51	newland/newland
CAN_ETH转换器	192.168.4.101	192.168.103.55	admin/admin
PC		192.168.103.2	

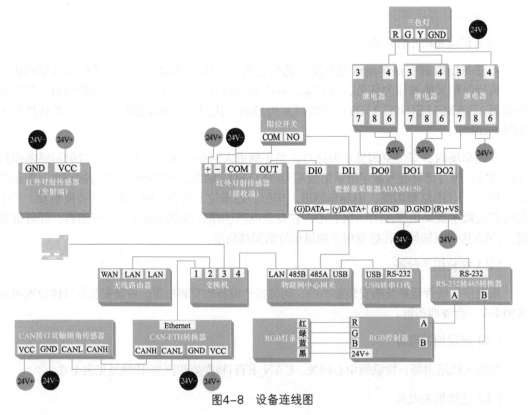

图4-8 设备连线图

2. Docker容器监测

（1）进入虚拟机终端

在AIoT平台上，进入学习任务的主界面，单击"打开终端"按钮，在一个新的浏览器界面打开虚拟机的终端界面，如图4-9所示。

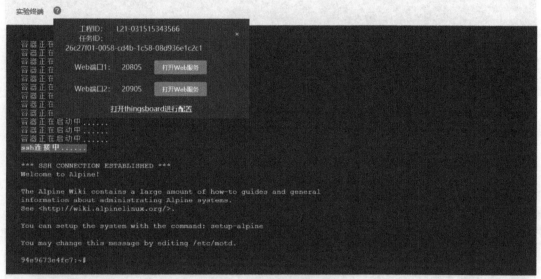

图4-9　进入虚拟机终端

（2）查看Docker版本

在命令行输入docker version，查看Docker版本，如图4-10所示。

图4-10　查看Docker版本

（3）查看镜像

在命令行输入docker images，查看镜像，可以看到有虚拟平台应用服务器、串口、网络服务器和网关等镜像，如图4-11所示。

```
虚拟机终端
fd2c0b840a7b:~# docker images
REPOSITORY                                                                  TAG      IMAGE ID       CREATED          SIZE
dockerhub.nlecloud.com/lx_virtual_platform/chirpstack-application-server-cn  v1.0.3   3c5ecfdd5e48   10 months ago    768MB
dockerhub.nlecloud.com/student/serial                                       1.0.0    77740df8ae92   11 months ago    51.9MB
dockerhub.nlecloud.com/lx_virtual_platform/chirpstackdatadistribute         v1.0.1   d7ddbcaa0acd   13 months ago    256MB
dockerhub.nlecloud.com/lx_virtual_platform/postgres                         v1.0.0   fae8555aaa18   15 months ago    36.5MB
dockerhub.nlecloud.com/lx_virtual_platform/redis                            v1.0.0   dbd5f7ce74ba   15 months ago    29.2MB
dockerhub.nlecloud.com/lx_virtual_platform/mosquitto                        v1.0.0   b1d8a7d2b227   15 months ago    9.52MB
dockerhub.nlecloud.com/lx_virtual_platform/chirpstack-gateway-bridge        v1.0.0   77a1b2b135a6   18 months ago    19.3MB
dockerhub.nlecloud.com/lx_virtual_platform/chirpstack-network-server        v1.0.0   cb28761185d0   18 months ago    31.9MB
dockerhub.nlecloud.com/lx_virtual_platform/chirpstack-geolocation-server    v1.0.0   4aa9ff39264a   2 years ago      20.7MB
fd2c0b840a7b:~#
```

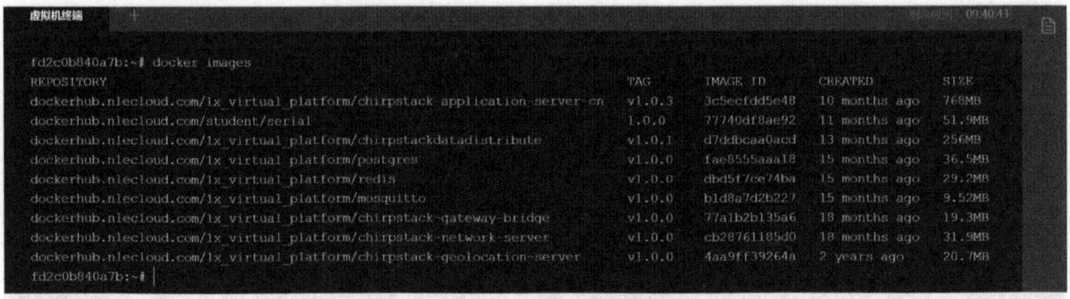

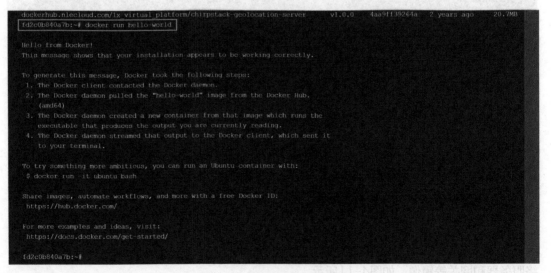

图4-11　查看镜像

（4）拉取镜像

在命令行输入docker pull hello-world，可以看到成功从官方镜像仓库拉取了hello world镜像，如图4-12所示。

```
fd2c0b840a7b:~# docker pull hello-world
Using default tag: latest
latest: Pulling from library/hello-world
2db29710123e: Pull complete
Digest: sha256:2498fce14358aa50ead0cc6c19990fc6ff866ce72aeb5546e1d59caac3d0d60f
Status: Downloaded newer image for hello-world:latest
docker.io/library/hello-world:latest
fd2c0b840a7b:~# docker images
REPOSITORY                                                                  TAG      IMAGE ID       CREATED          SIZE
hello-world                                                                 latest   feb5d9fea6a5   4 months ago     13.3kB
dockerhub.nlecloud.com/lx_virtual_platform/chirpstack-application-server-cn  v1.0.3   3c5ecfdd5e48   10 months ago    768MB
dockerhub.nlecloud.com/student/serial                                       1.0.0    77740df8ae92   11 months ago    51.9MB
dockerhub.nlecloud.com/lx_virtual_platform/chirpstackdatadistribute         v1.0.1   d7ddbcaa0acd   13 months ago    256MB
dockerhub.nlecloud.com/lx_virtual_platform/postgres                         v1.0.0   fae8555aaa18   15 months ago    36.5MB
dockerhub.nlecloud.com/lx_virtual_platform/redis                            v1.0.0   dbd5f7ce74ba   15 months ago    29.2MB
dockerhub.nlecloud.com/lx_virtual_platform/mosquitto                        v1.0.0   b1d8a7d2b227   15 months ago    9.52MB
dockerhub.nlecloud.com/lx_virtual_platform/chirpstack-gateway-bridge        v1.0.0   77a1b2b135a6   18 months ago    19.3MB
dockerhub.nlecloud.com/lx_virtual_platform/chirpstack-network-server        v1.0.0   cb28761185d0   18 months ago    31.9MB
dockerhub.nlecloud.com/lx_virtual_platform/chirpstack-geolocation-server    v1.0.0   4aa9ff39264a   2 years ago      20.7MB
fd2c0b840a7b:~#
```

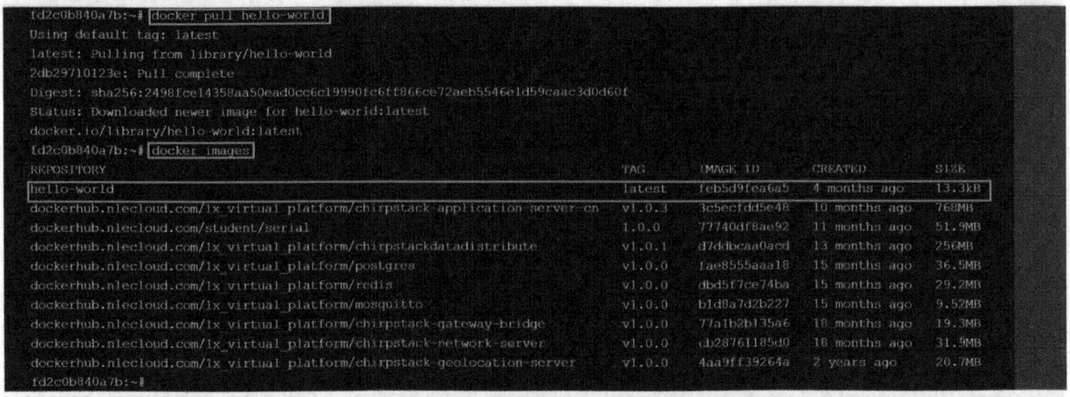

图4-12　拉取hello world镜像

（5）运行容器

在命令行输入docker run hello-world，运行hello world容器，如图4-13所示。

```
dockerhub.nlecloud.com/lx_virtual_platform/chirpstack-geolocation-server    v1.0.0   4aa9ff39264a   2 years ago   20.7MB
fd2c0b840a7b:~# docker run hello-world

Hello from Docker!
This message shows that your installation appears to be working correctly.

To generate this message, Docker took the following steps:
 1. The Docker client contacted the Docker daemon.
 2. The Docker daemon pulled the "hello-world" image from the Docker Hub.
    (amd64)
 3. The Docker daemon created a new container from that image which runs the
    executable that produces the output you are currently reading.
 4. The Docker daemon streamed that output to the Docker client, which sent it
    to your terminal.

To try something more ambitious, you can run an Ubuntu container with:
 $ docker run -it ubuntu bash

Share images, automate workflows, and more with a free Docker ID:
 https://hub.docker.com/

For more examples and ideas, visit:
 https://docs.docker.com/get-started/

fd2c0b840a7b:~#
```

图4-13　运行hello world容器

（6）监测容器状态

在命令行输入docker ps，监测容器状态，可以看到串口容器正在运行，如图4-14所示。

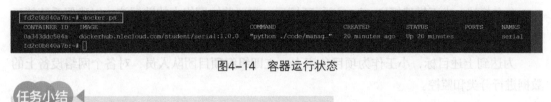

图4-14　容器运行状态

任务小结

本任务介绍了停车场管理系统Docker容器的监测。通过本任务的学习，读者可掌握Docker的概念、架构和安装，能够搭建容器监测环境，监测Docker容器的状态。本任务的相关知识技能小结思维导图如图4-15所示。

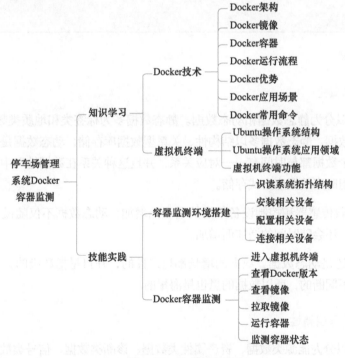

图4-15　小结思维导图

任务2　停车场管理系统数据监测

- 能够进入路由器和网关查看设备的连接状况
- 能够查看路由器和网关的数据流

任务描述：小王搭建好Docker运行环境后，需要监控网络上的数据流，以确保系统能正常运行。

为达到上述目标，小王作为项目负责人，立即组织项目团队人员，对各个网络设备上的数据进行分类和监控。

任务要求：

- 能够进入路由器和网关查看设备的连接状况
- 能够查看路由器和网关的数据流

一、数据的分类

1. 根据数据的变化

物联网数据可以分为静态数据和动态数据。静态数据多为标签类和地质类数据。RFID产生的数据多为静态数据。静态数据多以结构性、关系型数据库存储；动态数据是以时间为序列的数据，特点是每个数据都与时间有一一对应关系，并且这种关系在数据处理中尤其重要，这类数据存储通常采用时序数据库方式存储。

静态数据会随着传感器和控制设备数量的增多而增加；动态数据不仅随设备数量、传感器数量增加而增加，还会随时间的增加而增加。

无论静态数据还是动态数据，数据的增长都是线性的，并且是指数级的，但是因为物联网动态数据是连续不间断的，所以数据的量也是海量的。

2. 根据数据的原始特性

物联网数据可以分为能源类数据、资产属性类数据、诊断类数据、信号类数据。

能源类数据是指与能耗相关的，或者是计算能耗所需的相关数据，例如电流、电压、功率因子、频率、谐波等。能源数据是物联网最关键的数据类型，物联网最终的目的之一就是节能，那么获取能源数据、理解能源数据、分析能源数据就是物联网实施中必须的功能。能源采集设备也是物联网重要的设备之一。

资产属性类数据通常指硬件资产数据，例如设备的规格、参数等属性，设备的位置信息、设备之间的从属关系等。资产类数据主要用于资产管理，资产管理是工业物联网非常重要的功能甚至可以作为独立系统研究，因为它可以和ERP系统、MES系统、物流等几乎所有的系统对接。

诊断类数据是指设备运行过程中检测设备运行状态的数据，诊断类数据可以有两类。一类为设备运行参数，例如设备输入输出值，这里通常为传统工业自动化类数据，即OT技术相关类数据；另一类为设备外围诊断数据，例如设备的表面温度、设备噪声、设备振动等，外围诊断是物联网开发技术体现的地方，它包括新型传感器技术和物联网通信技术。外围诊断数据是预测性维护的重要元数据，也为深度控制模型提供依据，因此诊断类数据是我们需要着重关注的数据类型。

信号类数据或者告警类数据是目前工业领域使用最普及的数据，因为其直观、易懂、关键，同时在本地、远程同时告知信号类数据容易被忽略，但是它是物联网所需要的、也是快速可以采集到、并对物联网系统提供重要参考价值的数据之一。

二、数据之间的关联性

数据之间的关联性是不同数据之间的关系，数据之间的关系对了解整个系统的运行有着最直接的影响，数据之间正确关系的梳理是系统有效运行、产生价值的基石。数据之间的关联性有时间关联性、流程关联性和数据的时效性。

1. 时间关联性

时间关联性即同一时刻的数据照相，数据是同一时刻系统产生的，它反映的是系统这一时刻的状态。从数据角度看，这个系统就是这一时刻的数据集合。数据照相体现的是系统静态展示，时间戳是这类数据关键的因素，因此要求各个数据获取的时间戳必须相同，时间戳是目前很多数据所缺失的，也是物联网实施中需要关注和解决的问题之一。

2. 流程关联性

流程关联性即一个点的数据经过一定时间后影响第二个点数据的产生，它体现的是系统动态的流程展示。数据之间的流程关系性需要模型提供，并在实施中进行修正。

3. 数据的时效性

数据的时效性是指数据产生到其被清除的时间，数据时效是由系统的实施部署所决定。数据可以被使用数次，也可以被使用一次后就被清除。总体来说，远程部署数据和边缘部署数据关系着数据的时效性，通常边缘部署的数据时效性短，远程数据的时效性长。边缘部署需要的数据通常及时性强，但是边缘存储空间计算能力弱，因此不能长期保持；远程数据通常为历史性数据展示、计算分析，同时云端空间、计算的伸缩性强，因此数据时效性长。

数据的实时性也是数据时效性的一部分，实时性和数据的部署位置、数据的重要性以及传输方式都有关联性。

三、监测数据的方法

物联网的数据来源于感知层的采集，经过网络层的传输，到达应用层进行展示。因此，数据的监测包括物联网感知层（传感器）的数据监测、网络层数据监测和应用层数据监测等环节。

1. 感知层数据监测

传感器输出信号形式有模拟信号和数字信号。模拟信号又分为电压信号、电流信号和频率信号。电压和电流信号可以用万用表来进行监测。监测电压信号时，万用表拨到电压档，红表笔一端插入VΩ孔，一端接输出信号的正极，黑表笔一端插入COM孔，一端接输出信号的负极。改变传感器的值，观察万用表的读数变化，如图4-16所示。

监测电流信号时，万用表拨到电流档，红表笔一端插入mA孔，将万用表接入电路，改变传感器的值，观察万用表的读数变化，如图4-17所示。

频率信号需要用示波器来读取其周期变化，如图4-18所示。

数字信号包括RS-232和RS-485等信号，可以用串口调试助手设置正确的串口号、波特率和校验位等，监测其数据变化，如图4-19所示。

图4-16　用万用表监测电压数据

图4-17　用万用表监测电流数据

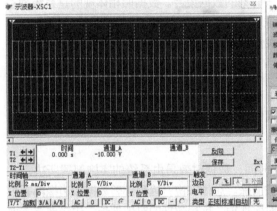

图4-18　用示波器监测频率数据

图4-19　用串口调试助手监测数据

2. 网络层数据监测

网络层常见的网络设备有路由器、交换机和网关等。这些设备的数据监测一般是进入其配置软件或者Web配置界面来查看信息。Web配置界面通常使用浏览器，输入对应的IP地址进入。

（1）路由器数据监测

不同厂家的路由器，其配置界面不尽相同，大致功能如图4-20所示。用户可以通过网络参数和无线设置功能查看路由器的配置信息，如IP地址和名称等，通过上网控制功能可以查看连接在该局域网的所有网络设备的IP地址、路由表和端口状态等信息，通过IP带宽控制监测MAC记录、虚拟身份记录、上下线记录、搜索关键字记录、网页访问记录等信息。

（2）交换机数据监测

用户进入交换机配置界面，如图4-21所示，可以监测系统信息、系统利用率、各个端口的状态和系统日志等信息，还可以进行VLAN划分和安全管理等。

图4-20　路由器数据监测界面

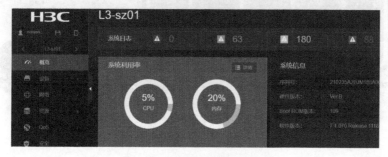

图4-21　交换机数据监测界面

（3）网关数据监测

网关实现了各层级互联互通承上启下，开启数据"无障碍"上云通道的任务，为便捷快速的设备连接和数据分享提供通道。因此，所有的数据都在网关进行汇聚。用户可以进入网关配置管理界面，监测各个传感器、执行器和连接器的运行状态和数据流，如图4-22所示。

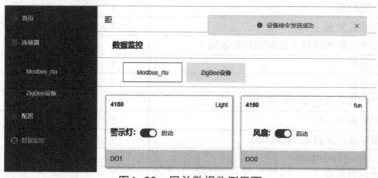

图4-22　网关数据监测界面

3. 应用层数据监测

应用层主要对感知层采集的数据进行计算、处理和数据挖掘，从而实现对物理世界的实时控制、精确管理和科学决策。可以进入应用程序，监测异常数据、可视化数据和数据安全等，如图4-23所示。

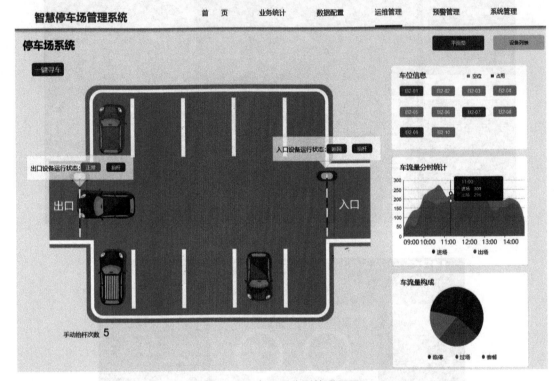

图4-23 应用层监测管理界面

任务实施前完成与停车场管理系统相关的资料收集任务，准备好以下设备和资源。

序号	设备/资源名称	数量	是否准备到位（√）
1	限位开关	1	
2	RGB灯带	1	
3	RGB控制器	1	
4	红外对射传感器（发射端和接收端）	1	
5	三色灯	1	
6	继电器	3	
7	CAN接口双轴倾角传感器	1	
8	物联网中心网关	1	
9	数字量采集器ADAM4150	1	
10	CAN-ETH转换器	1	
11	无线路由器	1	

（续）

序号	设备/资源名称	数量	是否准备到位（√）
12	交换机	1	
13	PC	1	
14	万用表	1	
15	螺钉旋具、剥线钳和斜口钳等	1	
16	导线、螺钉、垫片、螺母、胶布和网线等	若干	

1. 路由器数据流监测

用户通过路由器的配置界面，可以进行入网设备监测，查看已禁设备和日志信息等操作。

（1）入网设备监测

首先，停车场管理员需要查看是否所有网络设备（如CAN-ETH转换器和物联网中心网关等）已加入局域网中。打开浏览器后，输入路由器的IP地址，即192.168.103.100，单击"设备管理"选项，如图4-24所示，查看已成功入网的网络设备及其IP地址。如果发现设备没有加入，检查其IP地址是否设置为同一网段。

用户还可以根据自己的爱好选择为每台设备分配网速，对下载和上传的速度进行相应的限制，使网络合理化运用。

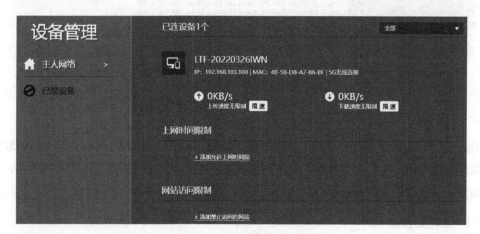

图4-24　路由器网速控制

（2）查看已禁设备

为了保证停车场管理系统的安全运行，管理员可以将陌生的网络设备设置为禁用，只要其连接了网络，路由器会主动发送消息提醒。选择"设备管理"，单击"已禁设备"选项，可以查看禁用设备名单，如图4-25所示。

（3）查看日志信息

停车场管理员可以查看路由器启动、关闭或者出现错误的记录，并且定期清除日志信息，使路由器运行更顺畅。单击"系统日志"选项，选择"保存所有日志"，可以导出日志信息，如图4-26所示。

图4-25　路由器查看已禁设备

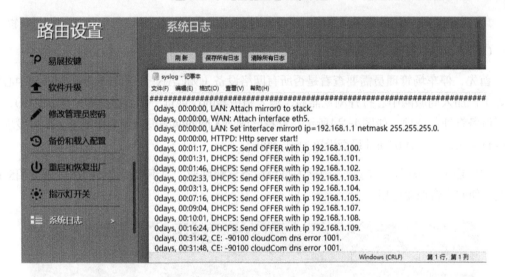

图4-26　查看路由器日志信息

2. 物联网中心网关数据流监测

用户打开浏览器，输入物联网中心网关的IP地址，即192.168.103.51，进入物联网中心网关的配置界面，将停车场管理系统相关的设备通过连接器加入到物联网中心网关中，进行数据监控，并将数据上传到云平台。

（1）新增连接器

1）Modbus_rtu连接器。

Modbus_rtu连接器用于将红外对射传感器、限位开关和三色灯添加在数字量采集器ADAM4150上，然后加入网关。参数可参考表4-5。

2）CAN_Over_TCP连接器。

CAN_Over_TCP连接器用于将CAN接口双轴倾角传感器加入网关，参数可参考表4-6。

3）RGB_strip_light连接器。

RGB_strip_light连接器用于将RGB控制器加入网关，参数可参考表4-7。

表4-5　Modbus_rtu连接器配置表

连接器名称	Modbus_rtu			
连接器设备类型	Modbus Over Serial			
接入方式/配置	物联网中心网关RS-485直连			
一级设备	一级参数	二级设备	二级参数	标识名称
4150	设备名称:ADAM_4150 设备类型:4150 设备地址:01	红外对射 传感器	传感名称:红外对射 传感类型:红外对射 可选通道号:DI2	m_infrared
		限位开关	传感名称:限位开关 传感类型:行程开关 可选通道号:DI1	m_travelswitch
		三色灯	传感名称:三色灯红灯 传感类型:三色灯 可选通道号:DO0	m_lamp_red
			传感名称:三色灯绿灯 传感类型:三色灯 可选通道号:DO1	m_lamp_green
			传感名称:三色灯黄灯 传感类型:三色灯 可选通道号:DO2	m_lamp_yellow

表4-6　CAN_Over_TCP连接器配置表

连接器名称	CAN_Over_TCP			
连接器设备类型	CAN Over TCP			
接入方式/配置	网络设备IP/Port：192.168.103.55:5555			
一级设备	一级参数	二级设备	二级参数	标识名称
双轴传感器	设备名称：双轴传感器 设备类型：双轴传感器 CANID：05 传感类型：CAN，总线双轴传感器	无	无	m_dualaxis

表4-7　RGB_strip_light连接器配置表

连接器名称	RGB _ strip _ light			
连接器设备类型	NLE SERIAL BUS			
接入方式/配置	物联网中心网关USB直连			
一级设备	一级参数	二级设备	二级参数	标识名称
RGB灯带	设备名称：RGB灯带 设备类型：RGB灯带 设备地址：04（默认） 传感类型：RGB灯带	无	无	m_rgblight

（2）物联网中心网关数据流监测

进入物联网中心网关的配置页面，单击"数据监控"，查看各个连接器的数据，并控制设备。Modbus_rtu连接器上红外对射和限位开关的状态如图4-27所示。通过拨动开关，控制三色灯的亮灭状态。

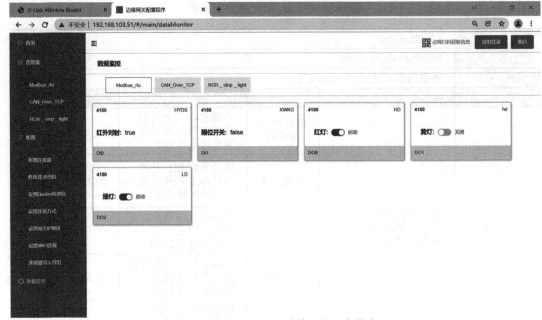

图4-27　Modbus_rtu连接器上设备状态

单击"CAN_Over_TCP"连接器，查看双轴传感器x轴和y轴的数据，如图4-28所示。

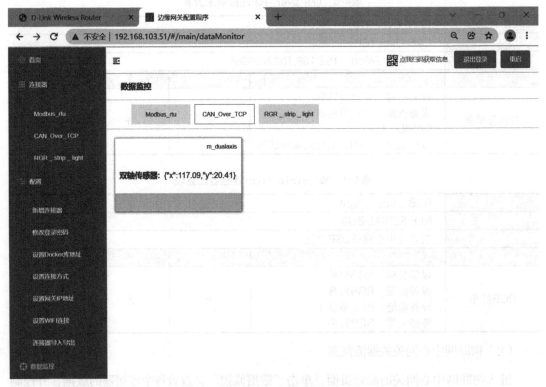

图4-28　双轴传感器数据监测

单击"RGB_strip_light"连接器，控制RGB灯条的颜色，如图4-29所示。

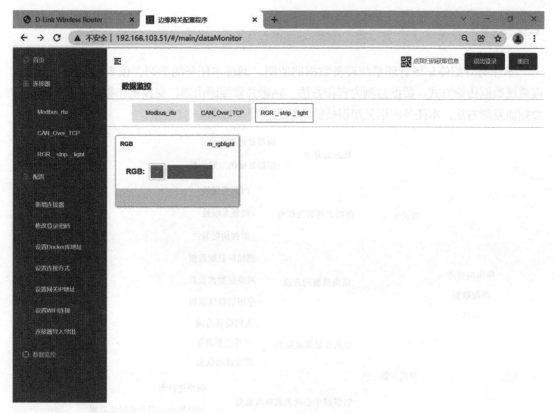

图4-29　RGB灯条颜色控制

单击"设置WIFI连接"选项，查看周围的Wi-Fi信号及其状态，并可以连接或者断开Wi-Fi网络，如图4-30所示。

	wifi名称	从1到6表示从弱到强	wifi频率	wifi状态	操作
1	"ZHZP001"	1	2.412GHz	已断开	连接 断开
2	"D-Link_DIR-823G"	5	2.417GHz	已断开	连接 断开
3	"WPY"	4	2.422GHz	已断开	连接 断开
4	"Eduroam"	2	2.412GHz	已断开	连接 断开
5	"iot404"	5	2.442GHz	已断开	连接 断开
6	"12-404"	5	2.427GHz	已断开	连接 断开
7	"CQCET"	5	2.432GHz	已断开	连接 断开
8	"CQCET"	1	2.432GHz	已断开	连接 断开
9	"Eduroam"	1	2.432GHz	已断开	连接 断开
10	"gateway-3261"	5	2.462GHz	已断开	连接 断开

图4-30　查看Wi-Fi网络

任务小结 ◄

本任务介绍停车场管理系统设备数据的监测。通过本任务的学习，读者可掌握停车场管理系统数据传输方式、数据监测内容和方法，熟悉并掌握路由器、交换机和物联网中心网关的数据流监测方法。本任务的相关知识技能小结思维导图如图4-31所示。

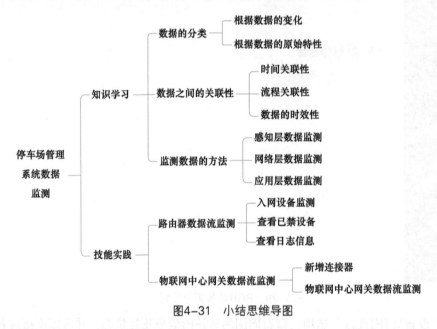

图4-31 小结思维导图

任务3 停车场管理系统项目展示

职业能力目标 ◄

- 能在ThingsBoard平台上创建仪表板，在仪表盘上添加部件并修改部件参数
- 能在ThingsBoard平台上设置用户并查看项目

任务描述与要求 ◄

任务描述：系统能正常运行后，需要进行项目展示。为达到上述目标，小王作为项目负责人，立即组织项目团队人员，对用户界面进行设计。

任务要求：

- 能在ThingsBoard平台上创建仪表板，在仪表盘上添加部件，并修改部件参数
- 能在ThingsBoard平台上查看项目

一、ThingsBoard仪表板库

Dashboard仪表板是用于可视化物联网数据以及通过用户界面控制特定设备。ThingsBoard允许创建丰富的IoT仪表盘，用来显示各类传感器上传的数据，以实时进行数据可视化和远程设备控制。仪表盘超过30种可自定义的小部件，如折线图、仪表盘和文本等，可以在大多数IoT使用场景为终端用户构建自定义仪表盘，实现可视化，如图4-32所示。

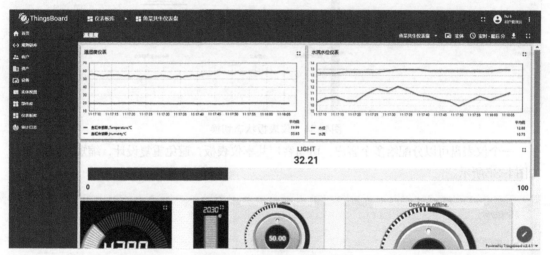

图4-32 仪表盘可视化界面

用户可以通过菜单栏中的"仪表板库"添加自己的仪表板，进入编辑模式，添加对应的部件，设计可视化界面。用户还可以编辑仪表板状态，设置仪表板的标题、Logo、背景图片和大小等。仪表板功能界面如图4-33所示。

图4-33 仪表板功能界面

每个仪表板都有一个状态，每个状态对应一个仪表板的图层。用户可以通过仪表板状态功能对仪表板进行分层，配合部件的动作，实现多层仪表板之间的跳转。仪表板默认状态为根状态，即打开仪表板默认展示的仪表板图层。添加多个状态后，左上角出现状态切换（图层切换）下拉列表，可以通过选中根状态复选框切换新的默认展示的状态/图层，配合小部件的动作，实现状态/图层之间的跳转/更新，如图4-34所示。

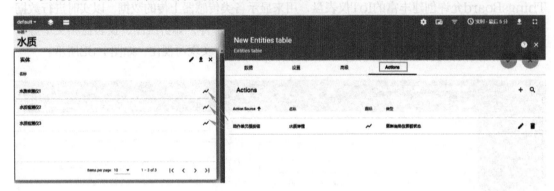

图4-34　仪表板状态切换

一个仪表盘可以分配给多个客户，可与客户共享仪表板，避免重复设计，缩短开发周期，如图4-35所示。

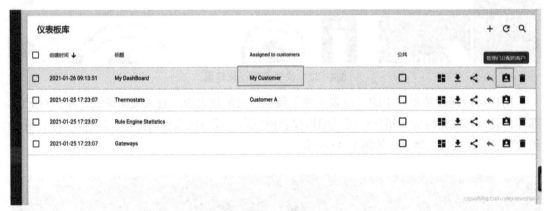

图4-35　仪表板分配

二、ThingsBoard部件

ThingsBoard提供30多个可立即配置的部件，如内置线图、数字、模拟仪表、地图等，并能够使用内置编辑器创建自己的部件。部件属于UI模块，可以与任何IoT仪表板集成并提供最终功能给用户，例如数据可视化、远程设备控制、警报管理和显示静态自定义HTML内容。

ThingsBoard平台提供Timeseries、最新值、控件部件、警告部件和静态部件5种类型，如图4-36所示。

选择某种类型，进入"窗口部件编辑器"页面，该页面预填充了启动器窗口部件模板，如图4-37所示。

部件编辑器由工具栏、HTML和CSS资源、JavaScript、设置和部件介绍四个主要部分组成。

工具栏包含部件标题字段、部件类型选择器、运行按钮、撤销按钮、保存按钮和另存为按钮。

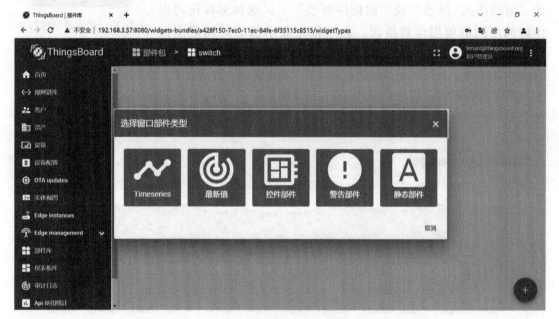

图4-36　窗口部件类型

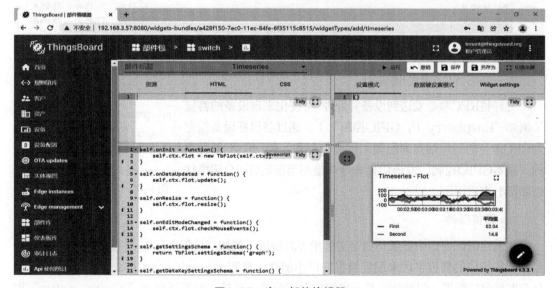

图4-37　窗口部件编辑器

1. 最新值

显示特定实体属性或时间序列数据点的最新值。例如，任何"仪表"部件或"实体列

表"部件。这种部件使用实体属性或时间序列的值作为数据源。使
用最新值部件显示功率值的数字仪表如图4-38所示。

2. Timeseries

显示选定时间段的历史值或特定时间窗口中的最新值（例
如"时间序列-浮点"或"时间序列表"）。这种部件仅将实
体时间序列的值用作数据源。为了指定显示值的时间范围，

图4-38 使用最新值部件
显示功率值的数字仪表

使用Timewindow设置。可以在仪表板级别或部件级别指定
Timewindow。它可以是实时动态更改某个最近间隔的时间范围，也可以是固定历史时间范
围。所有这些设置都是Timeseries窗口部件配置的一部分。使用Timeseries-Flot部件实时
显示三个设备的安培数如图4-39所示。

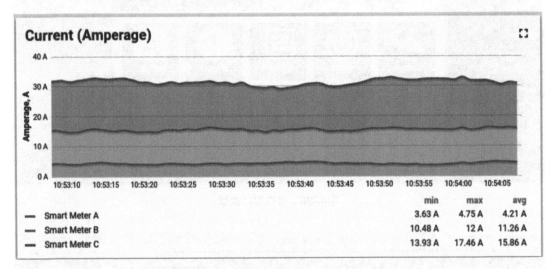

图4-39 Timeseries-Flot部件显示安培数

3. RPC（Control部件）

允许将RPC命令发送到设备并处理/可视化来自设备的答复
（例如"Raspberry Pi GPIO控制"）。通过将目标设备指定
为RPC命令的目标端点来配置RPC窗口部件。使用RPC部件中
的"基本GPIO控制"发送切换命令并检测当前的GPIO切换状
态如图4-40所示。

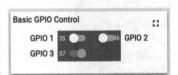

图4-40 RPC部件控制GPIO

4. 警报部件

在特定时间窗口中显示与指定实体相关的警报（例如"警报表"）。 通过将实体指定为
警报源和相应的警报字段来配置警报窗口小部件。像Timeseries widgets一样，警报部件
具有时间窗口配置，以便指定显示警报的时间范围。另外，配置还包含"Alarm status"和
"Alarms polling interval"参数。" Alarm status"参数指定正在获取的警报的状态。
"Alarms polling interval"控制警报获取频率（以秒为单位）。使用警报部件实时显示资
产的最新警报如图4-41所示。

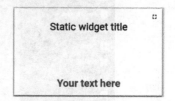

图4-41　警报部件显示资产的最新警报

5. 静态部件

显示静态的可定制HTML内容（例如"HTML卡"）。静态小部件不使用任何数据源，通常通过指定静态HTML内容和可选的CSS样式进行配置。使用静态部件显示指定HTML内容的"HTML卡"如图4-42所示。

图4-42　静态部件显示"HTML"卡

任务实施前完成与停车场管理系统相关的资料收集任务，准备好以下设备和资源。

序号	设备/资源名称	数量	是否准备到位（√）
1	限位开关	1	
2	RGB灯带	1	
3	RGB控制器	1	
4	红外对射传感器（发射端和接收端）	1	
5	三色灯	1	
6	继电器	3	
7	CAN接口双轴倾角传感器	1	
8	物联网中心网关	1	
9	数字量采集器ADAM4150	1	
10	CAN-ETH转换器	1	
11	无线路由器	1	
12	交换机	1	
13	PC	1	
14	万用表	1	
15	螺钉旋具、剥线钳和斜口钳等	1	
16	导线、螺钉、垫片、螺母、胶布和网线等	若干	

本任务将在任务2的基础上，完成停车场管理系统仪表板的设计，可视化停车场管理系统的设备状态和数据。

1. ThingsBoard创建资产

在菜单栏中选择"资产"，单击右上角的"+"按钮，选择"添加新资产"。在弹出的"添加资产"界面中，输入名称、资产类型和标签等资产信息，单击右下角的"添加"按钮，如图4-43所示。

图4-43　添加资产界面

添加完成后，形成新的资产记录，如图4-44所示。

图4-44　资产记录

2. ThingsBoard创建设备配置

选择"Device profiles"，单击"+"按钮，选择创建设备配置，如图4-45所示。

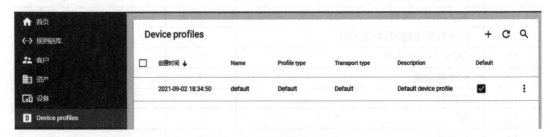

图4-45　创建设备配置

填写名称，规则链选择"Root Rule Chain"，队列名称选择"Main"。单击"添加"

按钮，如图4-46所示。

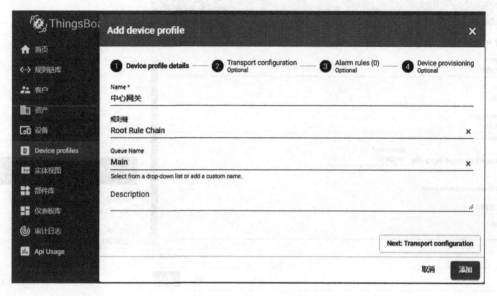

图4-46　添加设备配置

依次添加中心网关、传感器和执行器三种设备配置，如图4-47所示。

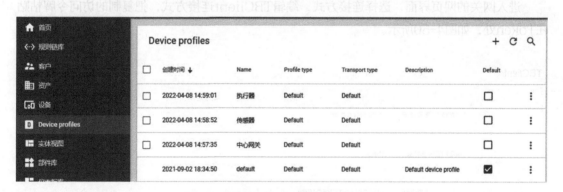

图4-47　设备配置列表

3. ThingsBoard添加设备

（1）添加网关设备

在菜单栏中选择"设备"，单击右上角的"+"按钮，选择"添加新设备"。在弹出的"添加新设备"界面中，输入名称、标签和传输类型等设备信息，设备配置选择中心网关，勾选"是否网关"，单击"添加"按钮，如图4-48所示。

（2）连接网关设备

选择刚添加的网关设备，单击"管理凭据"，在弹出的"设备凭据"界面中，复制访问令牌，如图4-49所示。

图4-48 添加网关设备

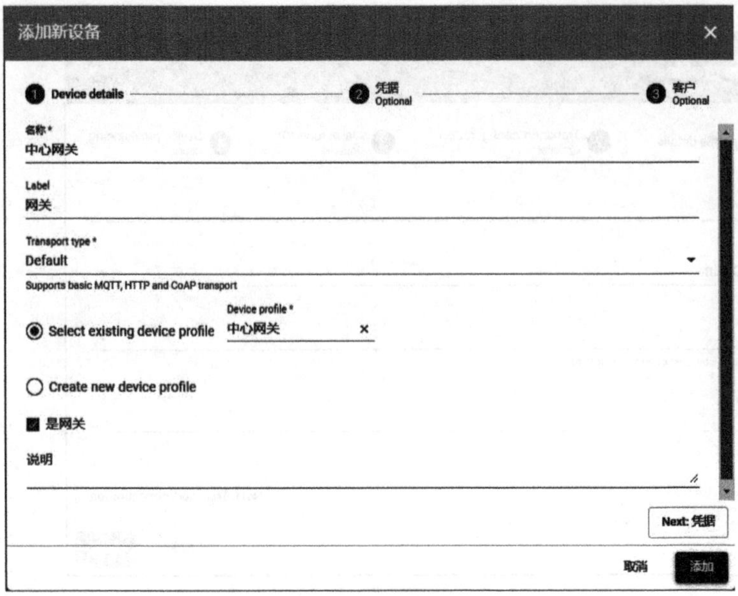

图4-49 复制访问令牌

进入网关的网页界面，选择连接方式，编辑TBClient连接方式，把复制的访问令牌粘贴在Token处，如图4-50所示。

TBClient

* MQTT服务端IP		tb.nlecloud.com
* MQTT服务端端口		1883
* Token		yjNCGnIJYpTEKttQ1FSa

确定　取消

图4-50 ThingsBoard与中心网关相关联

（3）添加其他设备

开启整个系统，刷新设备界面，等待所有的设备上线。如果系统运行正常，数据上传成功后，设备界面会显示所有挂在网关上的其他设备，如图4-51所示。

选中设备后，选择"最新遥测数据"，可以看到网关上传的数据，如图4-52所示。

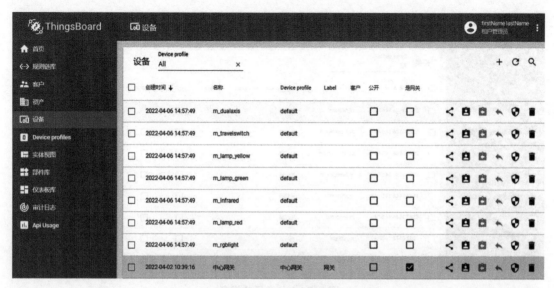

图4-51 设备列表

图4-52 设备的"最新遥测数据"

（4）修改设备配置

自动添加的设备配置默认为default，选中后单击"橙色笔"，修改设备配置，如图4-53所示。

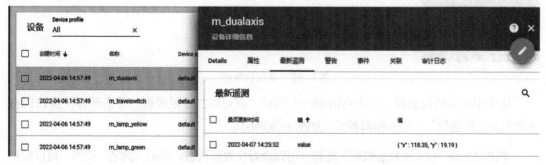

图4-53 修改设备配置

其中，m_dualaxis（双轴传感器）、m_infrared（红外对射）和m_travelswitch（限位开关）为传感器，m_lamp_green（绿灯）、m_lamp_yellow（黄灯）、m_lamp_red

（红灯）和m_rgblight（RGB灯条）为执行器，如图4-54所示。

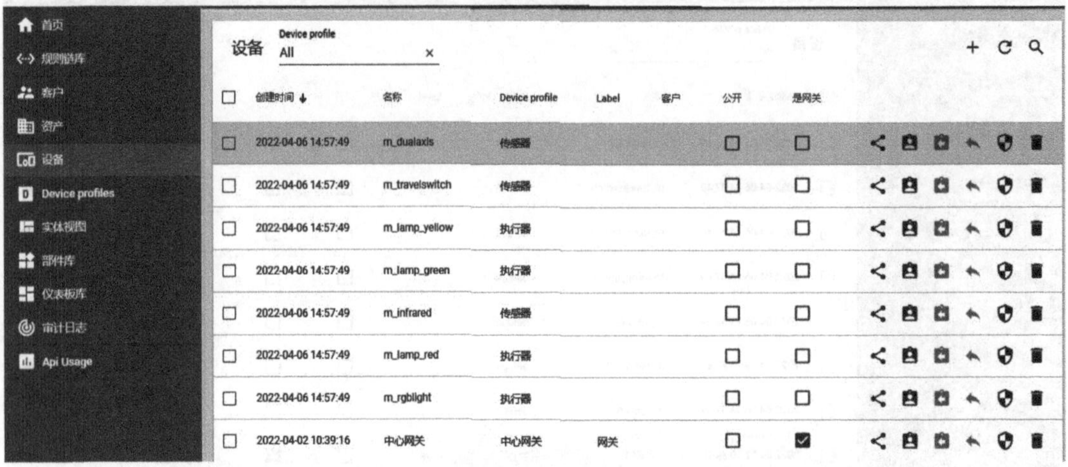

图4-54　分类后的设备

4. ThingsBoard创建仪表板

在菜单栏中选择"仪表板库"，单击右上角的"+"按钮，选择"添加新的仪表板"。在弹出的"添加仪表板"界面中，输入标题和说明等仪表板信息，单击右下角的"添加"按钮，如图4-55所示。

图4-55　添加仪表板

选中刚创建的仪表板，单击右边第一个图标，就可以打开仪表板。单击新弹出窗口的右下角图标"橙色笔"，进入编辑模式，如图4-56所示。

单击左上角"仪表板状态管理"图标，可以查看仪表板状态。单击"铅笔"图标，可以编辑仪表板状态，修改状态名和状态ID。单击"+"按钮，可以添加仪表板状态，如图4-57所示。

单击"设置"按钮，可以设置仪表板的标题、Logo、背景图片和大小，如图4-58所示。

图4-56　打开仪表板

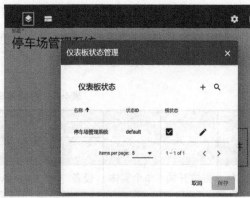

图4-57　仪表板状态管理界面

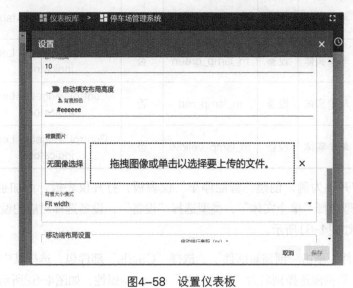

图4-58　设置仪表板

单击"实体别名"按钮，添加别名，如图4-59所示。

单击"添加别名"按钮，填写别名、筛选器类型和资产类型等信息并保存，如图4-60所示。

图4-59　添加仪表板实体别名

图4-60　填写仪表板别名信息

5. ThingsBoard创建部件

智能停车仪表板的界面上的主要有三色灯、双轴传感器、红外对射和限位开关等部件，这些实体别名的详细信息见表4-8。

表4-8　智能停车界面需要的实体别名

序号	实体别名	过滤类型	三级选择项		多实体	固件包	说明
			类型	设备名称			
1	限位开关	单个实体	设备	m_travelswitch	否	Cards–Timeseries table	限位开关
2	倾角	单个实体	设备	m_dualaxis	否	Cards–Timeseries table	双轴传感器
3	红外对射	单个实体	设备	m_infrared	否	Cards–Timeseries table	红外对射传感器
4	绿灯	单个实体	设备	m_lamp_green	否	Control widgets– Led indicator	绿灯
5	红灯	单个实体	设备	m_lamp_red	否	Control widgets– Led indicator	红灯
6	黄灯	单个实体	设备	m_lamp_yellow	否	Control widgets– Led indicator	黄灯

以添加限位开关为例，创建"智能停车"仪表板，打开仪表板，添加别名为"限位开关"，筛选器类型选择"单个实体"，类型选择"设备"，设备选择对应的设备名称，即m_travelswitch，如图4-61所示。

添加新的部件，单击"创建新部件"，选择"Cards"部件包，选择其中的Timeseries table控制部件，数据源选择别名为"限位开关"的value属性，如图4-62所示。

图4-61　添加部件别名

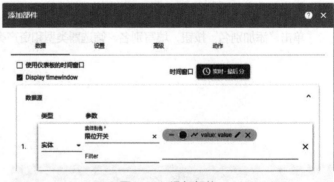

图4-62　添加部件

添加三色灯部件时，在该部件编辑页面"高级"窗口的Retrieve led status value using method（检索LED状态值）中勾选"Subscribe for timeseries（订阅时间序列）"选项，如图4-63所示。"订阅时间序列"可让三色灯部件根据设备遥测值改变灯的状态。"LED Color"选项可设置部件显示颜色。

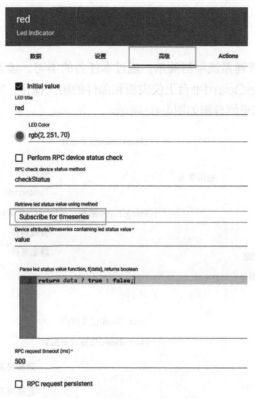

图4-63　配置三色灯部件参数

6. ThingsBoard项目展示

添加其他设备部件并添加别名。再次打开仪表板，就可以看到停车场内所有设备的数据和状态，如图4-64所示。

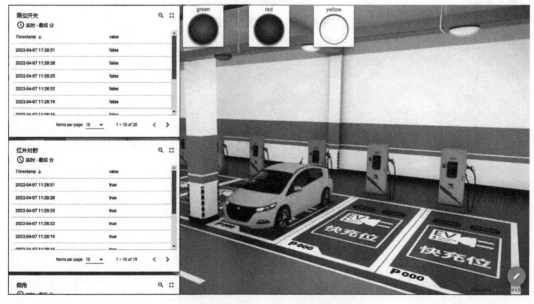

图4-64　停车场设备的数据和状态

任务小结 ◂

本任务介绍停车场管理系统项目展示。通过本任务的学习，读者可掌握停车场管理系统项目展示的内容、ThingsBoard平台上仪表板和部件的相关操作，实现项目展示等功能。本任务的相关知识技能小结思维导图如图4-65所示。

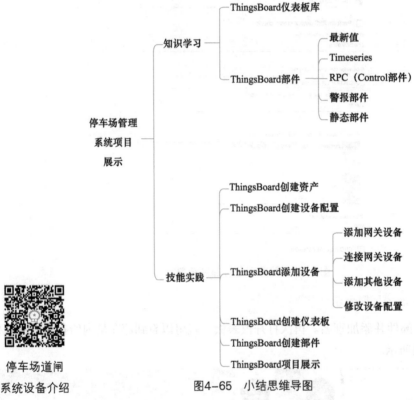

停车场道闸
系统设备介绍

图4-65　小结思维导图

项目 ⑤

智慧农业——生态农业园监控系统故障排查与设备联动

引 导案例

    我国是一个农业大国，随着物联网、大数据、人工智能等技术在农业中的应用，农业产业采用了精准化、节约化、工业化的发展方针，逐渐摆脱人力密集、靠天吃饭等传统农业的问题。经过多年的发展，物联网技术通过信息化管理手段，提高农业产量、降低人力成本，在当今的农业产业中被广泛应用，智慧农业生态链如图5-1所示。

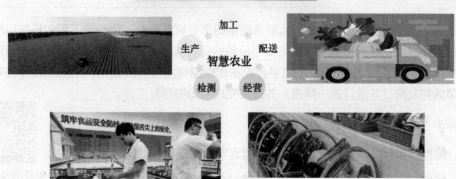

图5-1　智慧农业生态链

大棚监控系统
设备检测

智慧农业——生态农业园监控系统是农业物联网中的典型应用场景，该系统由农作物生产环境监控模块、野外气象监测站、控制系统模块及管理决策平台等部分组成。通过该系统可以实时、远程监控农业生产环境和流通环节等，以节约劳动力成本，提升农产品产量和品质。生态农业园监控系统包括智能大棚监控系统和鱼塘监控系统两部分，该系统将运用多网采集技术，使用ZigBee、Wi-Fi技术、LoRa无线技术采集数据，并在系统运行中对物联网各类设备运行状态进行检查和故障排查，让智慧农业——生态农业园监控系统以最优状态提供各类服务。

任务1　生态农业园监控系统设备故障排查

职业能力目标

- 能根据施工图纸，完成生态农业园监控系统设备的正确安装与配置
- 能掌握常见物联网网络层设备故障维护技巧
- 能掌握常见物联网感知层设备故障维护技巧

任务描述与要求

　　任务描述：任务选取生态农业园监测系统中的部分真实场景，物联网工程实施与运维工程师根据施工图完成物联网感知层、网络层等设备的安装与配置工作。在调试设备后，管理员发现生态农业园监控系统ThingsBoard平台无法读取温湿度实时数据值，运维工程师将对可能出现故障的物联网设备进行逐一排查，并最终完成故障的修复工作。

　　任务要求：

- 能根据设备产品说明书完成各个设备安装与配置
- 能检测物联网网络层设备故障并完成设备故障排查
- 能检测物联网感知层设备故障并完成设备故障排查

物联网设备调试
排故流程

知识储备

一、物联网设备常见故障

随着物联网技术应用规模的不断扩大，物联网设备越来越多，日常使用中的各类设备都

有一定概率出现突发状况，轻则数据不能正常收发，重则设备报废。常见的物联网设备故障大致可以分为三类，设备链路故障、设备配置故障、设备硬件故障。在检查和定位故障时，必须认真地考虑可能出现故障的原因，一步一步进行故障追踪和排除，直至最后恢复设备。除此，日常还需对物联网设备进行定期保养，做到及时预防。

1. 路由器故障

在物联网工程应用中，路由器通常用于连接两个或多个网络的硬件设备，也常把路由器看作网络间的网关。路由器是能读取每一个数据包地址然后决定数据包如何传送的网络设备，路由器运行状态会直接影响设备数据能否正常传输。

路由器硬件故障通常有系统不能正常加电、部件损坏等。解决路由器硬件故障的方法是检查供电是否正常、连接是否牢靠，遇到不能解决的物理问题，大部分只能更换新的设备。

路由器除了硬件故障外，在使用中还存在设备配置问题。路由器配置故障通常有数据无法正常转发、设备地址错误、掉线、速率不匹配等。解决路由器配置故障的方式可以重置路由器设备，再根据配置步骤重新配置。路由器设备配置故障见表5-1。

表5-1　路由器设备配置故障

故 障 状 态	预 估 原 因
路由器无法连接外部网络	路由器上网模式配置错误
接入设备无地址	路由器DHCP服务配置错误
无法访问路由器配置页面	路由器访问地址错误或路由器配置页未能正常开启等
接入设备网速慢	路由器限速配置有误或其他接入设备长时间占用带宽等

2. 交换机故障

交换机通常又称为局域网交换机，其主要用于连接基于RJ-45接口的终端设备。常见的交换机故障主要有交换机配置故障、交换机和网线接触不良、交换机供电不良等。

引起交换机硬件故障的大部分情况有散热差、电压不稳、端口故障、电路板故障等因素。解决方法可以有清理设备灰尘、检查网线是否有问题、在电源关闭后用酒精棉球清洗端口、做好外部电源的供应工作以及更换电路板等。

引起交换机配置故障的因素主要有配置不当、系统数据错误等。解决方法可以有重置交换机设备，根据产品说明书重新配置相关功能或者重新更新交换机系统版本。常见的交换机设备配置故障见表5-2。

表5-2　交换机设备配置故障

故 障 状 态	预 估 原 因
无法连接外部网络	外部WAN线是否正常接入或产生回路或VLAN配置错误
接入设备无地址	上级设备DHCP服务配置错误或交换DHCP配置错误
无法访问交换机配置页面	交换机访问地址错误或交换机配置页未能正常开启等

3. 串口服务器故障

串口服务器提供串口转网络功能，能够将RS-232/485/422串口转换成TCP/IP网络接口，实现RS-232/485/422串口与TCP/IP网络接口的数据双向透明传输。常见的串口服务器故障主要有无法找到设备、不能通信、线路接触不良、供电不良等。

引起串口服务器硬件故障的主要因素有散热差、电压不稳、端口故障、电路板故障等，解决方法可以有清理设备灰尘、检查线路是否有问题、在电源关闭后用酒精棉球清洗端口、做好外部电源的供应工作以及更换电路板等。

引起串口服务器软件故障的主要因素有配置不当、软件冲突等，解决方法可以是重置串口服务器。若无法找到设备，可能由于转换器设置程序是利用UDP进行设置的，部分防病毒软件带的防火墙将UDP的请求阻挡住，导致无法找到设备，串口服务器配置故障见表5-3。

表5-3　串口服务器配置故障

故 障 状 态	预 估 原 因
无法连接外部网络	外部WAN线是否正常接入或产生回路或VLAN配置错误
接入设备无地址	上级设备DHCP服务配置错误或交换DHCP配置错误
无法访问交换机配置页面	交换机访问地址错误或交换机配置页未能正常开启等

4. 无线网络设备故障

物联网项目中常用的无线网络设备包含Wi-Fi、LoRa、ZigBee、蓝牙等，这类设备常见的故障包括无法传输数据、设备无法匹配、线路接触不良、供电不良等。

引起无线网络设备硬件故障的主要因素有端口故障、电压不稳、电路板故障等，解决方法可以有清理设备灰尘、检查线路是否有问题、在电源关闭后用酒精棉球清洗端口、做好外部电源的供应工作以及更换电路板等。

无线网络设备配置故障主要会引起无法通行等问题，解决方法可以有重新设置设备参数，如设备网络号、地址、频率、波特率等，若无法解决问题，可重新刷固件，常见的无线网络设备配置故障见表5-4。

表5-4　无线网络设备配置故障

故 障 状 态	预 估 原 因
多个设备无法进行通信	设备参数配置有误，如设备地址、工作模式、频段等
接入设备无法读取数据	接入设备线路连接、设备地址填写错误等

5. 物联网中心网关设备故障

物联网中心网关是连接感知网络与传统通信网络的纽带，物联网网关可以实现感知网络与通信网络，以及不同类型感知网络之间的协议转换。常见的物联网网关故障主要有无法找到执行器/传感器设备、不能通信、线路接触不良、供电不良等。

引起物联网网关硬件故障的主要因素有散热差、电压不稳、端口故障、电路板故障等，解决方法可以有清理设备灰尘、检查线路是否有问题、在电源关闭后用酒精棉球清洗端口、做好外部电源的供应工作以及更换电路板等。

引起物联网网关配置故障的主要因素有配置不当、设备系统问题等，解决方法可以是重置物联网网关后，根据产品说明书正确完成功能配置，或重新刷新设备系统固件后再重新配置，常见的物联网中心网关配置故障见表5-5。

表5-5　物联网中心网关配置故障

故　障　状　态	预　估　原　因
无法连接ThingsBoard	设备连接方式参数配置错误
接入设备无法读取数据	接入设备线路连接、设备地址填写错误等

6. 自动识别设备故障

物联网中非常重要的技术就是自动识别技术，自动识别技术融合了物理世界和信息世界，是物联网区别于其他网络最独特的部分。物联网工程应用中常见的自动识别设备包括条码识别、生物识别、图像识别、卡片识别等。

（1）条码识别设备故障

条码识别设备中一维扫描枪、二维扫描枪常见的故障有无法读取数据或者数据读取不完整、计算机设备无法识别扫描器、设备无法运行等。引起这类问题的主要原因有扫描枪线材损坏、接口松动、参数设置错误、设备驱动安装错误、电路故障、硬件故障等。遇到上述故障时，物联网运维工程师可参考产品说明书主要排查设备配置参数是否正常、设备驱动是否正确安装、设备线路与接口是否正确。

（2）生物识别设备故障

生物识别设备中的指纹锁、人脸识别门禁常见故障有无法读取数据、生物特征匹配异常、设备无法运行等。引起这类问题主要原因有设备与服务端未成功通信、设备参数配置错误、电路故障、硬件故障等。由于该类设备集成度较高，运维人员可参考产品说明书主要排查设备配置参数是否正确、电路供电是否正常、设备接口和线路是否正确等。

（3）图像识别设备故障

图像识别设备中摄像头常见的故障有无法接收信息源、设备无法运行、设备图像模糊、识别错误等。引起这类设备故障主要原因有设备参数配置错误、设备焦距错误、设备识别库数据错误、电路故障等。由于该类设备集成度较高，运维人员参考产品说明书主要排查设备参数配置是否正确、设备电路供电是否正常、设备接口和线路是否连接正确、设备对焦模式是否正常、设备识别库是否配置正确等。

（4）卡片识别故障

卡片识别设备中磁卡设备、IC卡设备、RFID设备常见的故障有数据识别错误或识别不完整、服务端无法识别设备、设备无法运行等。引起这类问题的主要原因有卡片数据配置错误、驱动安装错误、电路故障等。运维人员参考产品说明书主要排查设备的卡片数据是否正常记录到服务端、设备驱动是否正确安装、设备接口和线路是否正确连接。

二、物联网设备故障排查

物联网技术中使用的设备种类众多，每个厂家生产的设备故障排查也有所不同，但对物联网设备而言，故障排查方法大致可以使用简单的仪表测量或软件检测来对出现的故障进行大体定位。

1. 设备链路故障排查

为了采集物联网设备数据信息，通常设备与设备之间需要使用链路传输数据。在物联网工程应用中常见的链路有双绞线、光纤、同轴电缆、导线、无线等。当物联网设备出现无法网络通信这类故障时，运维工程师通常考虑该故障的原因可能由网络适配器、跳线、信息插座、交换机、路由器、网关等设备和通信介质引起的。其中，任何一个设备的损坏，都会导致网络连接的中断。

（1）双绞线检测

常见的双绞线链路故障包括线路接头制作不良、接头部位或中间线路部位有断线，线体造成损坏等。采用双绞线通信时，排查该链路的故障方法主要有制作接头、更换传输介质。双绞线接线顺序见表5-6。

表5-6　双绞线接线顺序

连 接 标 准	线 路 排 序
568A	白绿、绿、白橙、蓝、白蓝、橙、白棕、棕
568B	白橙、橙、白绿、蓝、白蓝、绿、白棕、棕

（2）导线检测

导线内部一般由铜或铝制成，外部通常采用绝缘材料包裹内部材质。物联网工程应用中常需裁剪导线连接RS-485接口设备、供电电源等，若导线长时间暴露到室外或布线环境恶劣，导线容易出现快速老化等状况。运维工程师对导线检测时可参考表5-7的检测内容。

表5-7　导线检测

排 查 内 容	检 验 方 法
导线有无破皮、变形、标识不清	目视观察
导线与设备连接接口是否正常	目视观察、万用表测量

（3）Wi-Fi信号强度检测

物联网工程应用中有部分设备会使用基于Wi-Fi网络数据通信，若出现设备通信受阻，运维人员可检测Wi-Fi信号强度来判断是否由链路原因引起。能检测Wi-Fi信号强度的工具有软件或硬件，为节约成本，工程应用中常常使用软件工具进行信号源检测。使用Homedale软件对周围Wi-Fi信号强度进行检测如图5-2所示。Wi-Fi信号强度值越接近0dBm代表网络信号越好，如果发现信号强度低，可适当调整设备位置来提高信号强度。

Homedale [1.08]				− □ ×
适配器概述　　接入点　　接入点信号图　　频率使用　　地理位置　　选项				
接入点	MAC地址	供应商	信号强度	历史信号强度
ChinaNet-6tx4	F8:75:88:0E:4B:68		-82 dBm	
CMCC-U6VZ	D4:7E:E4:43:C0:5E		-85 dBm	
18-2	CC:81:DA:B7:7F:E8		-83 dBm	
TP-LINK_12-2	B0:95:8E:B0:59:55		-81 dBm	
	A0:D8:07:69:AE:B1		-86 dBm	
	94:37:F7:C1:BD:C1		-88 dBm	
Dora	8C:DE:F9:04:9A:3B		-64 dBm	
ChinaNet-KqrL	8C:6D:77:8A:58:44		-59 dBm	
	8C:3B:AD:CE:85:7A		-91 dBm	
	82:F8:F2:82:72:BD		-79 dBm	
	46:06:A7:DF:EE:C4		-50 dBm	
FAST_FE7C	44:97:5A:66:FE:7C		-88 dBm	

图5-2　Wi-Fi信号强度检测

（4）网络适配器接口故障排查

网络设备的链路故障除了线路问题外，还可能由网络适配器故障引起，常见的网络适配器接口包括RJ-45、RS-232、RS-485、RJ-11、SC光纤、FDDI、AUI、BNC和Console接口等。设备接口故障通常包括插头松动和端口本身的损坏导致接触不良，这类接口故障最好的解决方法是检查插头并插牢或者更换端口，运维工程师也可观看网络设备模块指示灯闪烁状态，来判断该模块是否存在问题。由于不同的设备指示灯闪烁不同，运维工程师可查阅该产品说明书确认网络模块的运行状态。

2. 设备配置故障排查

物联网硬件设备、软件平台绝大部分都需要进行配置，而其中任何一台设备的配置文件和配置选项设置不当，都会导致数据传输故障。例如，路由器的上网方式配置不当，会导致Internet连接故障；交换机的VLAN设置不当，会导致VLAN间的通信故障，彼此之间都无法访问；物联网中心网关设备接收参数配置错误，会导致无法获取所连接的设备实时数据；云平台设置不当，会导致资源无法共享或无法查阅设备状态。因此，当排除硬件故障之后，就需要重点检查配置文件和选项的故障了。

（1）计算机网络连通性排查

检测基于TCP/IP通信的设备故障，可采用软件或硬件工具进行测试验证。判断网络设备通信是否正常，可使用Ping命令来测试计算机与网络设备之间是否通畅，Ping命令常用参数见表5-8。

表5-8　Ping命令常用参数

命令格式	功　能
ping [–参数] 目标地址	–t：Ping指定的计算机直到手动中断 –l size：发送包含由size指定的数据量的数据包。默认为32B，最大值是65527 –n count：发送count指定的数据包数。默认值为4

网络地址配置故障主要因设备网络地址不同或不在共同的VLAN中，在计算机（Windows系统）中可通过ipconfig命令查看网络地址信息，见表5-9。

表5-9　ipconfig命令常用参数

命令格式	功　能
ipconfig [–参数]	all：显示本机TCP/IP配置的详细信息 release：DHCP客户端手工释放IP地址 renew：DHCP客户端手工向服务器刷新请求

（2）设备地址配置排查

绝大多数物联网设备都有一个设备地址，如基于TCP/IP的设备地址为IP地址，基于RS-485总线型设备的地址为十六进制的值。物联网运维工程师在对设备配置进行排查时，第一个需要检测的项就是设备地址，常见的设备地址排查内容见表5-10。

表5-10　设备地址排查

检测内容	描　述
数据传输协议	确定设备传输数据模式
原设备地址是否与工程设计一致	判断设备地址是否按照标准设定

（3）设备连接参数配置排查

物联网工程中连接RS-232/485等设备时，需要配置该类设备连接参数。运维工程师确认设备地址无误后，可检测设备连接参数与设备提供的参数是否一致，见表5-11。

表5-11　设备连接参数排查

检测内容	描　述
波特率	接入设备的波特率值，常使用9600
数据位	接入设备的数据位值，常使用8
校验位	接入设备的校验位值，常使用none
停止位	接入设备的停止位值，常使用1

3. RS-485总线型传感器故障排查

RS-485总线型传感器一般采用的是主从通信方式，即一个主机带多个从机。很多情况下，连接RS-485通信链路时只是简单地用一对双绞线将各个接口的"A""B"端连接起来。由于RS-485通信接口传感器种类较多，其故障现象不同，大致上分为供电异常故障、数据采集故障、数据漂移现象等。

（1）传感器供电排查

RS-485通信接口传感器供电异常时，会引起设备无法正常工作、采集数据时有时无等情况，更严重的会导致设备损坏或发送火灾，物联网运维工程师对该类故障排查基本步骤有：

1）观察设备外观是否有损坏。

2）确认设备供电参数，如电压、电流等。

3）检查设备供电线路是否正常连接。

4）使用万用表等辅助工具检测设备供电情况。

完成外观无明显损坏和线路连接无误后，使用万用表检查设备线路供电是否正常。万用表调至电压测量模式，把测量笔接入到设备通电接口中进行通电测试。观察万用表是否有电压值，该值是否与设备供电参数匹配。RS-485总线型设备供电测试如图5-3所示。若发现测量电压与设备供电参数不匹配，需更换供电设备。

图5-3　RS-485总线型设备供电测试

（2）传感器数据异常排查

RS-485通信接口传感器正常供电后，通过简单配置便可进行数字采集和传输工作。当无法正常采集或传输数据时，物联网运维工程师对该类故障排查基本步骤有：

1）根据产品说明书要求，检查上位机设备驱动是否正常安装。

2）根据产品说明书提供的上位机连接方法，让设备与上位机相互连接。

3）使用上位机软件，读取设备数据信息。

4）根据产品说明书，配置设备相关参数。

确认设备外观无明显损坏和线路连接正确后，把设备与上位机相连，根据产品说明书要求安装正确的驱动程序，并根据设备产生说明书进行数据参数读取操作。设备排查后若还是不能正常读取数据，可能因数字量传感器长期浸水受潮，绝缘性能减弱，或者内部元器件损坏。

4. 模拟量传感器故障排查

模拟量传感器发出的是连续信号，用电压、电流、电阻等被测参数的大小，传感器采集数据量的大小是一个在一定范围内变化的连续数值。

由于模拟量传感器种类较多，其故障现象不同，大致上分为供电异常故障、数据采集故障、干扰故障等。

（1）模拟量传感器供电排查

模拟量传感器供电异常时，会引起设备无法正常工作，数据采集时有时无等情况，更严重的会导致设备损坏或发生火灾，物联网运维工程师对该类故障排查的基本步骤有：

1）观察设备外观是否有损坏。

2）确认设备供电参数，如电压、电流等。

3）检查设备供电线路是否正常连接。

4）使用万用表等辅助工具检测设备供电情况。

确认外观无明显损坏和线路连接无误后，使用万用表检查设备线路供电是否正常。万用表调至电压测量模式，把测量笔接入到设备通电接口中，完成后进行通电测试。观察万用表是否有电压值，该值是否与设备供电参数匹配，模拟量设备供电测试如图5-4所示。若发现测量电压与设备供电参数不匹配，需更换供电设备。

（2）模拟量数据异常排查

模拟量传感器使用中由于内部传输数据的特性，信号容易受到干扰。物联网运维工程师发现采集数据异常时，可从以下几个方面排查数据异常问题。

1）使用万用表、测电笔等仪表工具检查模拟量传感器设备供电和接线是否存在错误、短路、断开等情况。

2）检查模拟量传感器线缆是否过长，传感器设备周围是否存在其他具有强干扰信号的设备。

3）加装滤波装置后，再次进行数据查看，排除引入外部干扰导致的数据不稳问题。

确认设备外观无明显损坏和线路连接正确后，使用万用表检查模拟量设备传输信号是否正常。将万用表调至电流测量模式，把红色表笔接入到设备输出信号端口，黑色表笔接入到设备接地端口，连接完成后进行通电测试。观察万用表是否有电流值，模拟量设备信号测试如图5-5所示。若发现测量无信号时，有可能是设备电路板故障。

图5-4　模拟量设备供电测试

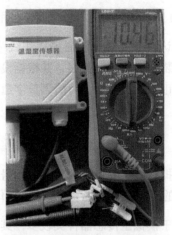

图5-5　模拟量设备信号测试

5. 执行器设备故障排查

执行器是物联网工程中必不可少的一个重要组成部分。它的作用是接受控制器送来的控制信号，从而运行或关闭执行器设备。

物联网工程中执行器故障大致上分为电路故障、运行状态故障、灵敏性等几个方面，物联网运维工程师检测执行器设备故障步骤有：

1）观察设备外观是否有损坏。

2）确认设备供电参数，如电压、电流等。

3）检查设备供电线路是否正常连接。

4）使用万用表等辅助工具检测设备供电情况。

执行器检测后还无法运行，如果执行器运行时电空开跳闸，这类故障有可能是执行器内部积水短路、执行器电路板故障等。在完成执行器故障排查后，发现执行器设备正常，但无法由控制器执行操作，这类故障主要由控制器配置错误导致。

任务实施前必须先准备好以下设备和资源。

序 号	设备/资源名称	数 量	是否准备到位（√）
1	无线路由器	1	
2	物联网中心网关	1	
3	交换机	1	
4	NEWPorter	1	
5	NEWSensor(LoRa版)	2	
6	数字量采集器ADAM4150	1	
7	ZigBee节点盒	2	
8	远程智能控制器	1	
9	继电器	1	
10	警示灯	1	
11	直流信号隔离器	1	
12	温湿度传感器	1	
13	光照度传感器	1	
14	温湿度传感器	1	
15	二氧化碳传感器	1	
16	云平台	1	

本任务提取真实生态农业园监控系统中的部分场景功能，选取生态农业园监控系统常见的传感器、执行器和采集器作为任务实施对象。任务将模拟工程应用中典型的ThingsBoard平台无法获取温湿度设备遥测数据值故障场景，让读者掌握物联网技术中从云平台到设备的故障排查技巧。ThingsBoard平台无法获取设备数据值的排查步骤如图5-6所示。

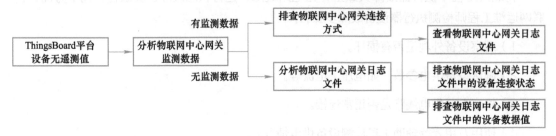

图5-6　ThingsBoard平台无法获取设备数据值的排查步骤

1. 识读系统拓扑结构

生态农业园系统结构如图5-7所示，任务将贯穿物联网工程实施后的设备运维阶段，让读者掌握物联网技术中网络设备、感知设备和执行器设备运维技巧。

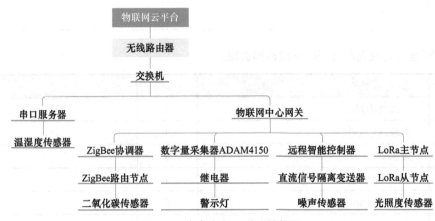

图5-7　生态农业园系统结构图

2. 安装相关设备

根据图5-8所示，完成社区安防监测系统设备安装与布局。

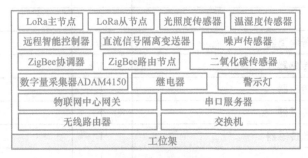

图5-8　布局示意图

3. 连接相关设备

根据图5-9完成社区安防监测系统设备的安调任务。

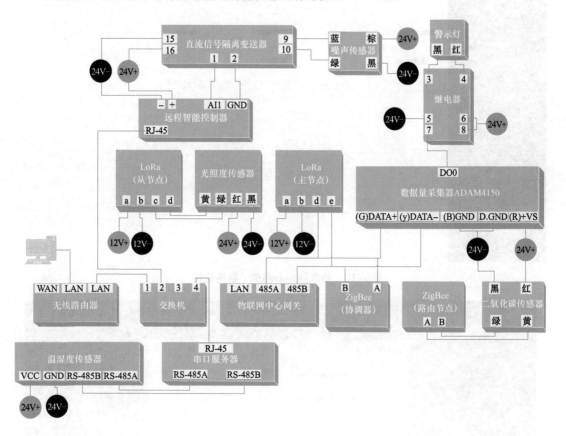

图5-9　设备接线图

4. 分析物联网中心网关监测数据

根据生态农业园系统管理员反映，在ThingsBoard平台上无法读取温湿度遥测值。运维工程师遇到此类问题时先检查各类设备的电源、线路等是否接入正常，再对物联网中心网关、串口服务器、温湿度传感器进行排查。

登录到物联网中心网关页面，单击"数据监控"选项查看是否有温湿度数据，如图5-10所示。如果执行器有实时数据值，则分析物联网中心网关连接方式配置参数是否有误；如果执行器无实时数据值，则进一步分析物联网中心网关日志文件，排查出现故障的原因。

5. 排查物联网中心网关连接方式

进入到物联网中心网关配置页面的"设置连接方式"中，再查看"TBClient"配置参数是否正确，如图5-11所示。其中MQTT服务端IP地址为tb.nlecloud.com，MQTT服务端端口为1883，Token表单中填写ThingsBoard网关访问令牌。

图5-10　物联网中心网关"数据监控"

图5-11　物联网中心网关连接方式

6. 分析物联网中心网关日志

（1）查看物联网中心网关日志文件

使用PC端PowerShell软件连接到物联网中心网关，并通过Docker的sudo docker images命令查看物联网中心网关已有镜像信息，如图5-12所示。检查镜像中是否有nlecloudclient、nlemodbus、nlemodbusontcp等开头的镜像文件，该类文件主要用于对网关的连接方式、传输方式、配置参数进行约束。

```
newland@newland: $ sudo docker images
[sudo] password for newland:
REPOSITORY                                          TAG       IMAGE ID       CREATED         SIZE
dockerhub.nlecloud.com/gateway/nlecloudclient_rk3288     v1.1.14   58f7ee5a8b3c   10 days ago     120MB
dockerhub.nlecloud.com/gateway/nleconfigtoolcontain_rk3288  v1.2.9    9bea93a1667c   2 weeks ago     434MB
dockerhub.nlecloud.com/gateway/nleconfig_rk3288         v1.2.9    789da0422009   3 weeks ago     185MB
dockerhub.nlecloud.com/gateway/nlemodbus_rk3288         v1.2.0    217e65e47c05   7 months ago    121MB
dockerhub.nlecloud.com/gateway/nletbclient_rk3288       v1.0.0    ab3e914d51b6   9 months ago    99MB
dockerhub.nlecloud.com/gateway/nlemodbusontcp_rk3288    v1.1.6    027f7ffa22a2   16 months ago   98.2MB
dockerhub.nlecloud.com/gateway/nlesrr1100uhf_rk3288     v1.1.1    fe39f76935c7   17 months ago   98.3MB
newland@newland: $
```

图5-12 查看物联网中心网关已镜像

使用Docker的sudo docker ps -a命令查看物联网中心网关已运行的容器信息，如图5-13所示。在容器信息"NAMES"中记录了物联网中心网关设备对应名称参数。

```
newland@newland: $ sudo docker ps -a
CONTAINER ID   IMAGE                                                    COMMAND          CREATED         STATUS                     PORTS                                                  NAMES
5c5ee22bc998   dockerhub.nlecloud.com/gateway/nlemodbus_rk3288:v1.2.0   "/bin/bash -c 'cd /h…"  27 minutes ago  Up 27 minutes                                                                     NLEModbusCollector_19
b516743bb752   dockerhub.nlecloud.com/gateway/nlemodbusontcp_rk3288:v1.1.6  "/bin/bash -c 'cd /h…"  9 hours ago     Up 20 minutes                                                                     NLEModbusOnTCPCollector_20
bee6c9fa9c5e   dockerhub.nlecloud.com/gateway/nlemodbus_rk3288:v1.2.0   "/bin/bash -c 'cd /h…"  10 hours ago    Up 2 hours                                                                        NLEModbusCollector_18
617052311729f  dockerhub.nlecloud.com/gateway/nleconfigtoolcontain_rk3288:v1.2.9  "/bin/bash -c 'nginx…"  4 days ago   Up 2 hours   0.0.0.0:80->5058/tcp                                  nleconfigtoolcontain
f050ffabe305   dockerhub.nlecloud.com/gateway/nlecloudclient_rk3288:v1.1.14  "/bin/bash -c 'cd /h…"  4 days ago   Up 2 hours   0.0.0.0:6666->6666/tcp, 0.0.0.0:8888->8800/tcp        NLEConfig
19d7c380ebb9   dockerhub.nlecloud.com/gateway/nletbclient_rk3288:v1.0.0  "/bin/bash -c 'cd /h…"  10 days ago  Exited (137) 2 hours ago                                                           NLETBClient_2
newland@newland: $
```

图5-13 查看物联网中心网关容器状态

回到物联网中心网关页面单击创建的串口服务器连接器，在浏览器地址栏会显示该设备在Docker中镜像的"NAMES"名称，如图5-14所示，图中地址栏结尾是"19"（数字19是设备随机生成数，读者需自行查看本地连接器对应的值）。

图5-14 查看物联网中心网关设备名称

在PowerShell中使用sudo docker ps -a命令查看运行结果中的“NAMES”参数项，可发现有“19”结尾的名称，该名称代表串口服务器在Docker容器中对应的镜像名。使用sudo docker logs ID命令即可检查该设备传入的数据信息，如图5-15所示。该命令可以查看设备LOG日志文件，并查看是否有传输数据。

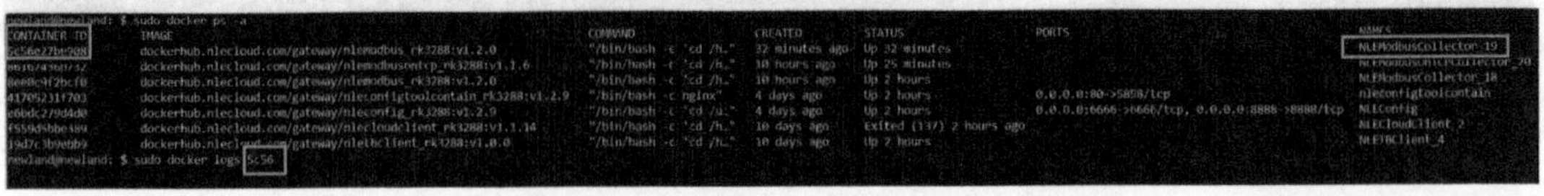

图5-15　查看物联网中心网关设备日志文件查看

设备LOG日志文件部分代码如图5-16所示，其中Sending data下方数据表示获取到的温湿度传感器实时数据值，Device name:192.168.0.3下方数据表示接入的串口服务器设备以及端口信息。

```
||||||17
all devIndex=0
Sending data: 02 03 00 00 00 02 C4 38
{"t":3,"datatype":2,"datas":{"temperature":{"2022-02-08 14:12:07":18.0},"humidity":{"2022-02-08 14:12:07":48.0}},"msgid": 12171}
Sending data:
requestData
requestData
requestData
2022-02-08 09:08:55 : Device name:192.168.0.3
2022-02-08 09:08:55 : Device baudr:6006
2022-02-08 09:08:55 : NLEModbusCollector initialize application successful!
2022-02-08 09:08:55 : ip=192.168.0.3, port=6006
connect to mqtt ip:172.17.0.1,port:1883
mqtt id = NleModbusCollector_19
Start mHeartBeatingTimer success
Connected with code 0.
```

图5-16　部分日志文件查看

（2）排查物联网中心网关日志文件中设备连接状态

如果日志文件显示串口服务器连接状态为“超时”，可继续排查物联网中心网关连接器配置参数是否正常、串口服务器参数配置是否正确等。

1）物联网中心网关连接器排查。

进入到物联网中心网关已建的串口服务器连接器中，单击“编辑连接器”检查串口服务器配置参数是否正确，如图5-17所示。

2）串口服务器（NEWPorter）排查。

NEWPorter的LAN接口与计算机互联，访问NEWPorter管理页面，如图5-18所示，检查温湿度传感器设备接入端口参数是否为默认值，然后在“Network”页面中检查设备IP地址是否为192.168.0.3，子网掩码为：255.255.255.0。

（3）排查物联网中心网关日志文件中设备数据值

如果Sending data下方无传感器实时数据，可排查物联网中心网关连接器设备参数配置是否正确，以及温湿度传感器设备参数是否正确。

1）连接器设备参数排查。

进入物联网中心网关连接器设备页面，查看温湿度传感器配置参数，如图5-19所示，检查设备地址是否正确。

2）温湿度传感器排查。

确认物联网中心网关设备配置无误后，使用万用表检测设备温湿度变送器是否有电压值，若无电压值需继续排查链路是否正确或设备是否损坏。若设备通电正常，在计算机上使用串口连接温湿度传感器，并打开设备上位机软件查看传感器设备地址、波特率是否配置正确，以及温湿度传感器是否有实时数据，如图5-20所示。如果无法获取实时值，需更换设备再次尝试。

图5-17　物联网中心网关已建连接器排查

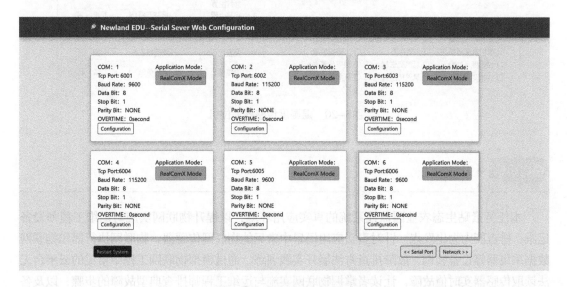

图5-18　串口服务器配置页

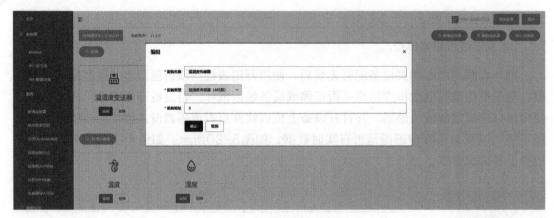

图5-19　连接器设备编辑页

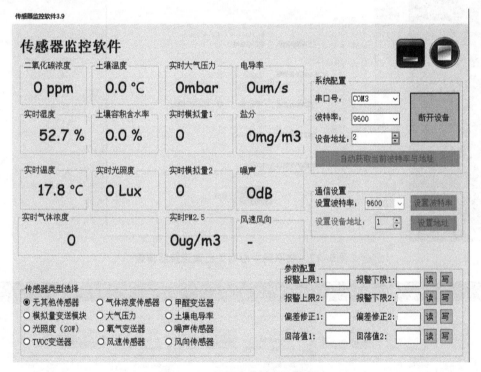

图5-20　温湿度传感器上位机

任务小结

　　本任务紧贴生态农业园监控系统的真实应用环境，以提升物联网实施与运维工程师设备运维、排查能力为出发点，针对真实应用场景中常见的物联网传感器、物联网执行器和物联网数据采集器等设备装调、故障排查方法展开实践训练，通过模拟物联网工程中常见的云平台无法读取传感器实时值故障，让读者掌握物联网实施与运维工程师排查典型故障的步骤，以及各类设备的排查技巧。本任务相关的知识技能小结思维导图如图5-21所示。

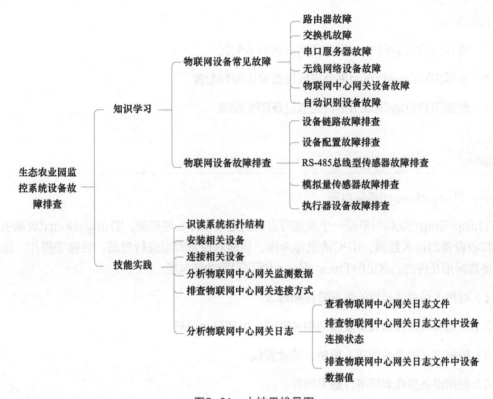

图5-21　小结思维导图

任务2　生态农业园监控系统设备联动

- 能运用ThingsBoard平台，实现设备展示
- 能运用ThingsBoard平台，实现设备报警配置
- 能运用ThingsBoard平台，实现设备RPC配置

任务描述：在前续任务的基础上，本任务继续运用ThingsBoard平台对生态农业园检查系统中的设备警告报警和数据收发进行配置，实现ThingsBoard平台仪表板设备展示配置和执行设备数据下发操作。

任务要求:

- 能运用ThingsBoard平台完成设备展示配置

- 能运用ThingsBoard平台完成设备警告报警配置

- 能运用ThingsBoard平台完成设备RPC配置

一、ThingsBoard规则引擎

ThingsBoard规则引擎是一个高度可定制的复杂事件处理框架,ThingsBoard规则引擎可以接收设备的传入数据、RPC请求等操作,也能对设备数据进行过滤、转换等操作,还能把设备数据相互传递。常见的ThingsBoard规则引擎功能包括:

1)对传入遥测或属性的数据验证和修改。

2)将遥测或属性从设备复制到相关资产,以便聚合遥测。

3)根据定义的条件创建、更新、清除警报。

4)根据设备生命周期事件触发操作。

5)加载处理所需的额外数据。

6)触发对外部系统的REST API调用。

7)在发生复杂事件时发送电子邮件。

8)根据定义的条件进行RPC调用。

9)能集成Kafka、Spark、AWS等外部服务。

ThingsBoard规则引擎主要由规划消息、规则节点和规则链三个组件组成,如图5-22所示。消息组件是来自设备的传入数据、设备生命周期事件、REST API事件、RPC请求等。

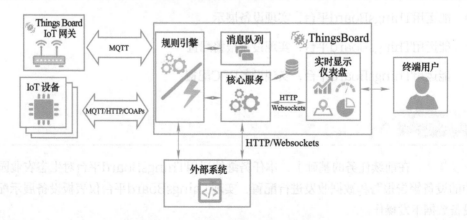

图5-22　ThingsBoard规则引擎框架

1. 规则消息

规则引擎消息是一个可序列化的、不可变的数据结构，它表示系统中的各种消息。规则引擎消息包含以下信息：

1）消息ID：基于时间的通用唯一标识符。

2）消息的发起者：设备、资产或其他实体标识符。

3）消息类型："发布遥测"或"不活动事件"等。

4）消息的有效载荷：带有实际消息有效载荷的JSON正文。

5）元数据：包含有关消息的附加数据的键值对列表。

2. 规则节点

规则节点是消息执行的函数，可以过滤、转换或对传入的消息执行某些操作。规则节点是规则引擎的基本组件，它一次处理单个传入消息并生成一个或多个传出消息。规则节点是规则引擎的主要逻辑单元，规则节点可以过滤、丰富、转换传入的消息、执行操作或与外部系统通信。ThingsBoard平台规则节点包含筛选节点、属性节点、变换节点、动作节点。

规则节点表示逻辑操作的规则节点可以使用"True"或"False"，一些特定的规则节点可使用其他关系类型，例如"Post Telemetry""Attributes Updated""Entity Created"等，如图5-23所示。

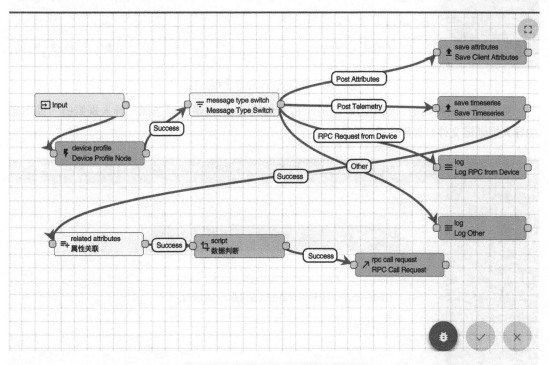

图5-23　ThingsBoard平台规则节点

3. 规则链

规则链是让规则节点之间通过对应关系相互连接，规则链可以把规则节点的出站消息指定到下一个连接的规则节点中。ThingsBoard提供了规则链管理UI页面，可以显示配置的租户规则链表，也能导入或创建新的规则链，如图5-24所示。

图5-24　ThingsBoard规则链管理UI页面

4. 规则链导入与导出

完成ThingsBoard规则链配置后，可使用规则链导入与导出功能，快速管理ThingsBoard平台规则链，如图5-25所示。单击"导出"按钮，将规则链导出为JSON格式。

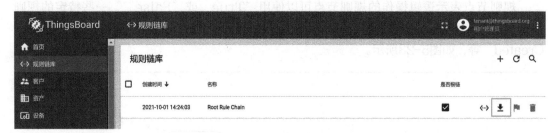

图5-25　ThingsBoard导出规则链

如果要导入规则链，则单击规则链库右上角的"+"按钮，再选择"导入规则链"即可添加导入规则链文件，如图5-26所示。

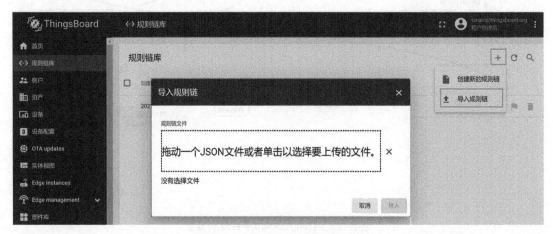

图5-26　ThingsBoard导入规则链

默认情况下ThingsBoard规则链库会有个"Root Rule Chain"（根规则链），要进入规则链配置页面中单击"打开规则链"按钮即可进入，如图5-27所示。

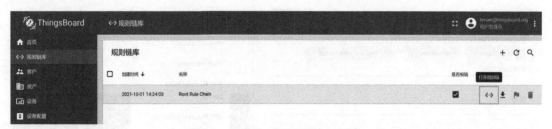

图5-27　ThingsBoard进入规则链

二、ThingsBoard筛选节点

1. 检查告警状态节点

检查告警状态节点（check alarm status）用于告警状态确认。如果警报状态与指定的匹配则返回成功，如果不匹配则返回失败，如图5-28所示。

2. 检查存在的字段节点

检查存在的字段节点（check existence field）用于字段检测。从消息数据和元数据中检查所选值是否存在，如果选中复选框"检查所有选定的键都存在"并且消息数据和元数据中的所有键都存在，则通过真链发送消息，否则使用假链。如果未选中该复选框，并且至少有一个来自数据或消息元数据的键值存在，则通过真链发送消息，否则使用假链。

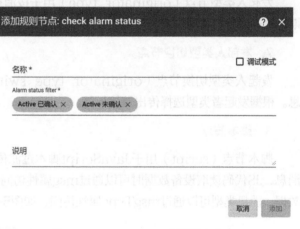

图5-28　ThingsBoard告警状态节点

3. 检查关系节点

检查关系节点（check relation）用于设备关系的检查。根据设定关联信息判断设备之间是否存在关联关系，如果有则返回真，没有则返回假。

4. 消息类型节点

消息类型节点（message type）用于消息类型过滤。当传入的消息类型与预期设置的类型相同则返回真，否则返回假，如图5-29所示。

5. 消息类型切换节点

消息类型切换节点（message type switch）用于按消息类型传出切换，根据消息类型选择传出链接标签，如图5-30所示。

图5-29　ThingsBoard消息类型节点　　　　图5-30　ThingsBoard消息类型切换节点

6. 发起人类型节点

发起人类型节点（originator type）用于按消息发起者类型过滤传入消息。如果根据预期配置的发起者类型传入消息则返回真，否则返回假，如图5-31所示。

7. 发起人类型切换节点

发起人类型切换节点（originator type switch）用于按消息发起者类型过滤传入消息。根据发起者类型选择传出链接标签。

8. 脚本节点

脚本节点（script）用于JavaScript脚本过滤传入消息。使用配置的JS代码判断传入的消息，JS代码读取设备数据时可以通过msg属性访问，也可以通过metadata属性访问消息元数据，消息类型可以通过msgType属性访问，如图5-32所示。

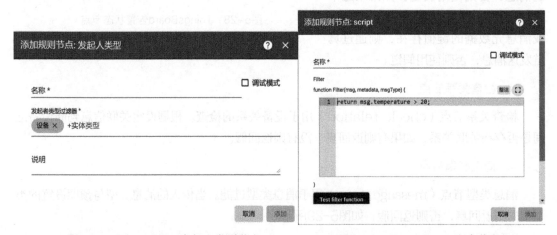

图5-31　ThingsBoard发起人类型节点　　　　图5-32　ThingsBoard脚本节点

三、ThingsBoard属性节点

ThingsBoard中属性节点用于更新传入设备的数据内容，包括用户信息、设备参数等。

1. 计算增量节点

计算增量节点（calculate delta）能根据传入数据值自动进行增量计算并将增量值赋值给默认"delta"名中，如图5-33所示。

2. 客户属性节点

客户属性节点（customer attributes）用于将客户属性或最新遥测添加到消息元数据中。

3. 客户信息节点

客户信息节点（customer details）用于将来自客户详细信息的字段添加到消息正文或元数据中。

4. 相关属性节点

相关属性节点（related attributes）将发起者相关实体属性或最新遥测添加到消息元数据中，使用配置的关系方向和关系类型找到相关实体。该节点如果找到多个相关实体，则仅使用第一个实体进行属性丰富，其他实体将被丢弃。如果配置了最新遥测扩充，则将最新遥测添加到元数据中，如图5-34所示。

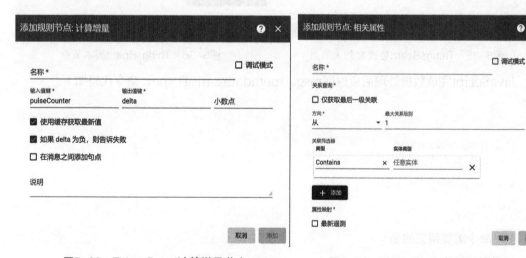

图5-33 ThingsBoard计算增量节点　　图5-34 ThingsBoard相关属性节点

四、ThingsBoard变换节点

转换节点用于更改传入的消息字段，如发起者、消息类型、有效负载和元数。

1. 更改发起人节点

更改发起人节点（change originator）用于标识提交消息的实体。ThingsBoard中的所有传入消息都有发起者字段，发起者可以是设备、资产、客户、租户等，当提交的消息应作为来自另一个实体的消息进行处理时，将使用此节点修改发起人，如图5-35所示。

2. 脚本节点

脚本节点（script）使用JavaScript语言来更改消息负载、元数据或消息类型，如图

5-36所示，其中JavaScript函数接收3个输入参数：

1）msg是消息有效负载。

2）metadata是消息元数据。

3）msgType是消息类型。

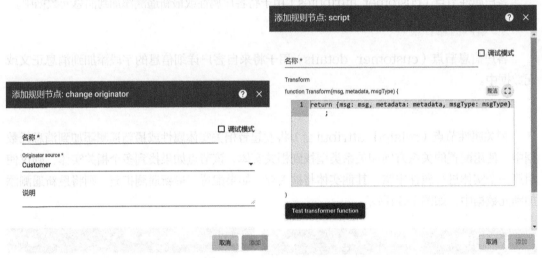

图5-35　ThingsBoard更改发起人节点　　　　图5-36　ThingsBoard脚本节点

JavaScript完成数据处理后应返回msg、metadata、msgType，命令代码如下：

```
1. {
2.     msg: new payload,
3.     metadata: new metadata,
4.     msgType: new msgType
5. }
```

上述命令需要留意的是：

● 第2行代表原msg（数据）由新的new payload取代。

● 第3行代表原metadata（元数据）由新的new metadata取代。

● 第4行代表原msgType（类型）由新的new msgType取代。

如果未指定处理数据，系统将从原始消息中获取值。使用JavaScript编程时，可以使用"Test JavaScript function"功能进行验证。

3. 发电子邮件节点

发电子邮件节点（to email）使用从消息元数据派生的值填充电子邮件字段，将消息转换为电子邮件消息，发送邮件时所有电子邮件字段都可以配置为使用元数据中的值，如图5-37所示。

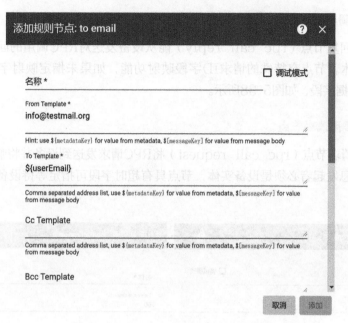

图5-37　ThingsBoard发电子邮件节点

五、ThingsBoard动作节点

动作节点根据传入的消息执行各种动作，如警报配置、数据存取、RPC传输、日志等。

1. 指定客户节点

指定客户节点（assign to customer）是根据客户名称找到目标客户，然后将发起者实体分配给该客户，如果指定的客户不存在将创建新客户。

2. 清除警报节点

清除警报节点（clear alarm）加载具有为消息发起者配置的Alarm Type的最新警报并清除警报信息。

3. 复制到视图节点

复制到视图节点（copy to view）是根据实体视图的配置，将资产/设备的属性复制到相关的实体视图中。

4. 创建警报节点

创建警报节点（create alarm）会创建消息发起者配置的警报信息，如果存在未清除警报，则该警报将被更新，否则将创建一个新警报。

5. 日志节点

日志节点（log）可以使用JavaScript函数将传入消息转换为String并将最终值记录到ThingsBoard日志文件中。

6. RPC调用回复节点

RPC调用回复节点（rpc call reply）能从设备发送对RPC调用的回复，消息发起者必须是设备实体。节点有特殊的请求ID字段映射功能，如果未指定映射字段，则默认使用requestId元数据字段，如图5-38所示。

7. RPC调用请求节点

RPC调用请求节点（rpc call request）将RPC请求发送到设备并将响应路由到下一个Rule节点，消息发起者必须是设备实体，节点具有超时字段可指定等待设备响应超时，如图5-39所示。

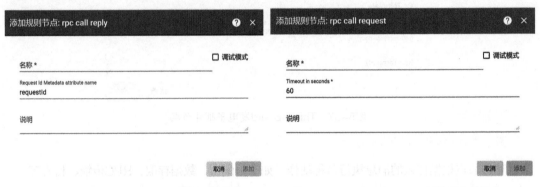

图5-38 ThingsBoard RPC调用回复节点　　图5-39 ThingsBoard RPC调用请求节点

8. 保存时间序列节点

保存时间序列节点（save timeseries）将接入站消息时间序列数据存储到数据库，并将它们与消息发起者标识的实体相关联，通过配置TTL用于时间序列数据到期。如果配置为0，则表示数据永不过期，如图5-40所示。

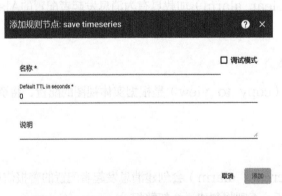

图5-40 ThingsBoard保存时间序列节点

六、JavaScript

JavaScript是一种高级解释型编程语言，JavaScript支持面向对象程序设计、指令式编程、函数式编程，并能操控文本、数组、日期以及正则表达式等。随着HTML5和CSS3语言标准的推行，JavaScript还可用于游戏、桌面和移动应用程序的开发。

1. JavaScript变量

JavaScript变量可以用于保存任何类型的数据，JavaScript有3个关键字可以声明变量：var、let和const。其中var声明的范围是函数作用域，let声明的范围是块作用域，const与let基本相同，唯一重要的区别是声明变量时必须同时初始化变量，且尝试修改const声明的变量会导致运行时错误。示例代码如下：

```
1.  var newland;
2.  var temp = 22;
```

上述代码需要留意的是：

- 第1行代码表示创建一个newland变量名。

- 第2行代码表示创建一个temp变量名，并对该变量赋值。

2. JavaScript对象

JavaScript对象是一组属性的无序集合，对象的每个属性或方法都由一个名称来标识，每个属性映射到一个值。创建对象时以大括号为边界，属性与属性之间用逗号分开，属性和属性值之间使用冒号隔开。示例代码如下：

```
1.  var newmsg = { "method" : "setValue" , "params" :1};
2.  var newmeta = new Object();
```

上述代码需要留意的是：

- 第1行代码表示创建一个newmsg对象，对象包括method、params属性，method属性对应setValue，params属性对应1。

- 第2行代码表示使用new Object()创建一个newmeta空对象，可简写为var newmeta={}。

3. JavaScript函数

JavaScript每个函数都是Function类型的实例，而Function也有属性和方法。JavaScript函数名是指向函数对象的指针，而且不一定与函数本身紧密绑定。示例代码如下：

```
1.  function nle(num){
2.  return num;
3.  }
```

上述代码需要留意的是：

- 第1行代码表示创建一个nle函数，并对函数传递num参数。

- 第2行代码return语句会终止函数的执行并返回函数num值。

任务实施前必须先准备好以下设备和资源。

序号	设备/资源名称	数量	是否准备到位（√）
1	无线路由器	1	
2	物联网中心网关	1	
3	交换机	1	
4	NEWPorter	1	
5	NEWSensor(LoRa版)	2	
6	数字量采集器ADAM4150	1	
7	ZigBee节点盒	2	
8	远程智能控制器	1	
9	继电器	1	
10	警示灯	1	
11	直流信号隔离器	1	
12	温湿度传感器	1	
13	光照度传感器	1	
14	二氧化碳变送器	1	
15	云平台	1	

本任务在前续任务基础上，进一步完成ThingsBoard平台配置，让读者能掌握生态农业园监控系统中ThingsBoard云平台仪表板配置、设备警报配置、RPC配置。

1. ThingsBoard仪表板设备添加

用计算机浏览器访问新大陆教育ThingsBoard平台，单击设备页中的"添加新设备"，如图5-41所示，填写名称、标签，勾选"是网关"选项，完成后单击"添加"按钮。

图5-41 ThingsBoard网关创建

进入ThingsBoard"设备"页，单击刚创建的设备网关，再单击"复制访问令牌"按钮，如图5-42所示。

图5-42 ThingsBoard网关复制访问令牌

回到物联网中心网关，单击"设置连接方式"，单击"TBClient"选项的编辑按钮，填写MQTT服务端IP地址为"tb.nlecloud.com"，MQTT服务端端口为"1883"，再把复制的访问令牌粘贴至Token表单中，如图5-43所示。

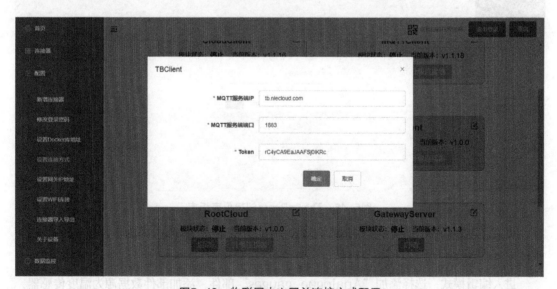

图5-43 物联网中心网关连接方式配置

进入ThingsBoard设备页，可以看到物联网中心网关添加的设备已自动创建到ThingsBoard设备中，如图5-44所示。

单击ThingsBoard仪表板库，再单击添加仪表板，如图5-45所示，填写标题和描述为

"生态农业园监控系统"。

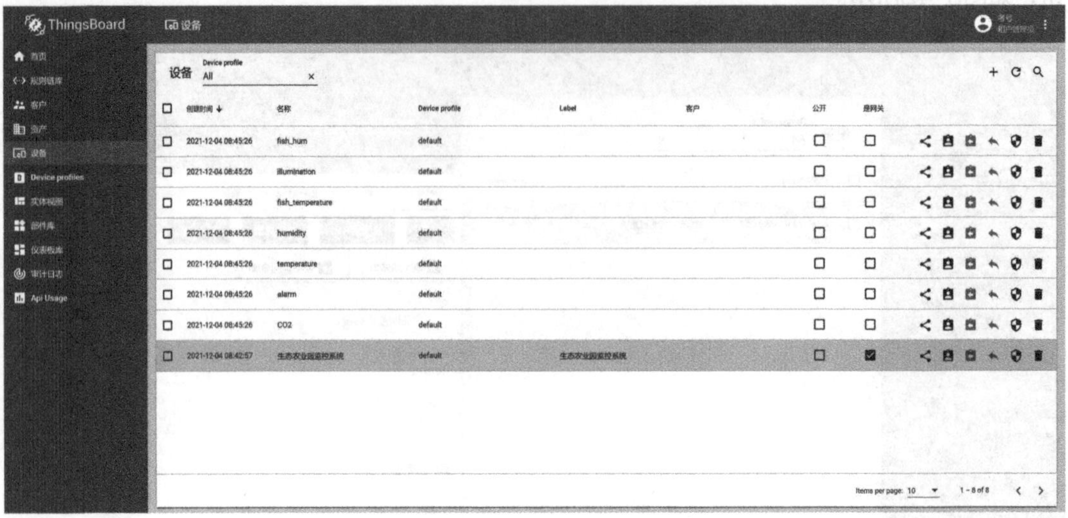

图5-44　ThingsBoard设备页

图5-45　ThingsBoard创建仪表板库

进入刚创建的仪表板库，单击编辑模式，再单击"设置"按钮，如图5-46所示。选择一张背景图片拖入到"背景图片"中。

进入编辑模式，选择添加"Analogue gauges"部件，添加部件数据源为温度传感器，如图5-47所示。

完成温度部件添加后，再新增"Timeseries table"部件，如图5-48所示，添加湿度数据源。

完成部件添加后，可查看到仪表板库部件数据实时信息，如图5-49所示。

图5-46　ThingsBoard仪表板配置

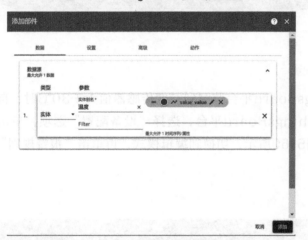

图5-47　ThingsBoard仪表板部件添加1

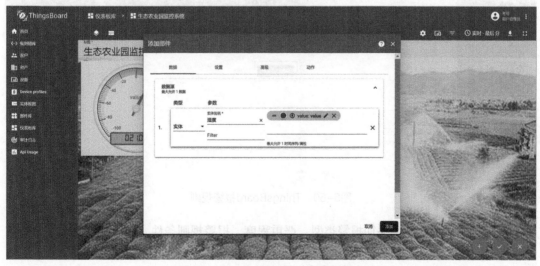

图5-48　ThingsBoard仪表板部件添加2

图5-49　ThingsBoard仪表板

2. 简单报警配置

假设当ThingsBoard平台监测到温度传感器值大于30℃时，自动推送一个严重报警信息。登录到ThingsBoard平台，选择"设备配置"选项，单击需要添加报警的设备配置名称，如图5-50所示，切换到编辑模式，再单击"报警规则"选项的"添加报警规则"。

图5-50　ThingsBoard报警规则

报警规则选项页中可添加报警类型，严重程度、报警规则条件，启用规则方式等参数信息，如图5-51所示。

图5-51　创建ThingsBoard报警规则

单击"请添加报警规则条件+"按钮，进入到编辑报警规则条件页，再单击"添加键名筛选器"按钮，可添加键类型、键名、值类型以及筛选器判断条件，如图5-52所示。

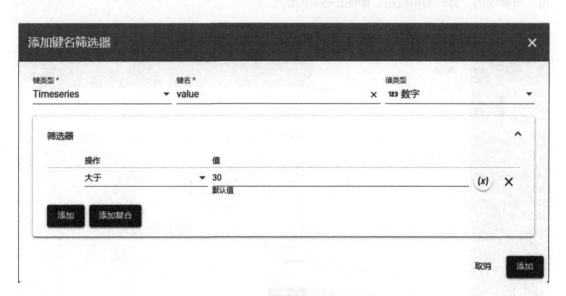

图5-52　ThingsBoard报警条件添加

回到ThingsBoard设备页面，从页面中选择已设置警报信息的设备，再单击"警告"选项，如图5-53所示，可查看到温度值大于30℃时系统发出警报信息。

图5-53　ThingsBoard警告查看

3. 持续时间报警

假设ThingsBoard平台检测到温度传感器值小于0℃时，并且温度传感器值持续1min，ThingsBoard平台将自动发出警报信息，配置步骤如下：

进入ThingsBoard平台"设备配置"页面，单击设备配置名称，切换至编辑模式后再单击"报警规则"页的编辑按钮，如图5-54所示。

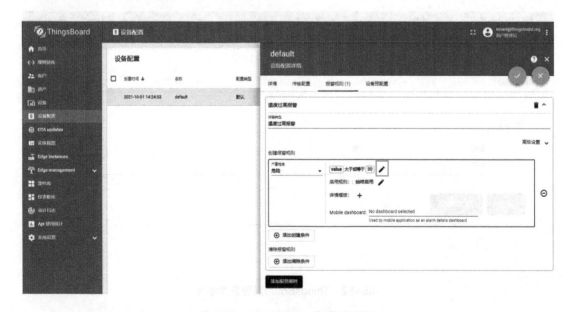

图5-54　ThingsBoard报警规则页

修改键名筛选器中条件小于0，再把条件类型选择"持续时间"，并设置持续时间值为1，单位选择"分钟"，如图5-55所示。

图5-55 ThingsBoard报警规则条件配置

4. RPC配置

配置设备联动功能。ThingsBoard平台检测到温度传感器值大于30℃时，自动开启警报灯。单击警示灯设备，选择"关联"选项，添加关联temperature设备并命名为alarm，如图5-56所示。

图5-56 ThingsBoard设备关联配置

进入规则链创建related attributes节点，添加关联筛选器类型为刚创建的"alarm"，实体类型选择"设备"，如图5-57所示，勾选Latest telemetry，设置source attribute和target attribute均为"value"。

图5-57 ThingsBoard related attributes节点配置

添加script节点，设置温度值判断条件，示例代码如下：

```
1.  var newmsg={};
2.  var tem = metadata.value;
3.  if(tem>=30)
4.  {
5.      newmsg.method=" setValue" ;
6.      newmsg.params=1;
7.  }else{
8.      newmsg.method=" setValue" ;
9.      newmsg.params=0;
10. }
11. return {msg: newmsg, metadata: metadata, msgType: msgType};
```

上述代码需要留意的是：

- 第1行代表创建一个空的newmsg。

- 第2行代表创建一个tem并把metadata. value值赋值给tem。

- 第3行代表判断温度值大于等于30℃时。

- 第4行代表设置newmsg. method为setValue。

- 第5行代表设置newmsg. params为1，也就是开启警示灯。

- 第11行代表返回msg、metadata、msgType。

完成条件判断配置后，再添加rpc call request节点，用于控制执行器设备，如图5-58所示。配置RPC超时时间为60s。

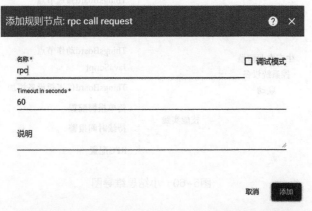

图5-58　ThingsBoard rpc call request节点配置

最后把各个节点关联在一起，如图5-59所示，节点链传输数据状态均为success。

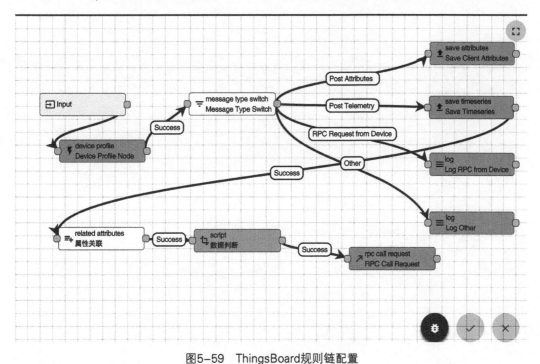

图5-59　ThingsBoard规则链配置

任务小结

本任务在前续生态农业园监控系统任务基础上，使用开源ThingsBoard平台进行设备警告、RPC、仪表板进行配置，让读者能掌握物联网ThingsBoard配置技巧。本任务的相关知识技能小结思维导图如图5-60所示。

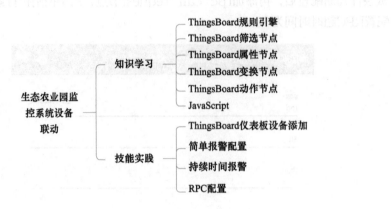

图5-60 小结思维导图

Project 6

项目⑥

物联网设备装调与维护ThingsBoard 平台挑战

引 导案例

我国现在正处于数据化时代，互联网技术在发展过程中也推动着物联网技术、5G技术、人工智能、大数据技术的发展，这些技术更是对物联网产业产生了直接影响。基于物联网技术的支持，智能产品得到了飞速发展，为人们带来了便捷、舒适的生活体验，使人们对智能产品未来的发展充满了期待。

近年来，随着物联网技术的快速发展，云平台得到了广泛应用，但企业云平台在运行中会逐渐面临设备增加、设备数据测试、设备运行状态监控等诸多问题。2020年，我国信息技术运维市场规模达4254.0亿元，占运维服务市场份额48.4%，同比增长15.5%。智能运维主要能力项可分为监控发现、应急处理、变更管理、性能容量管理、运维服务化、数据支撑及规范机制等，智能化运维平台如图6-1所示。因此运维工程师不能只对企业提供单一的设备装调维修服务，更应当为企业提供高效、安全的信息优化服务。

本项目在前续项目的基础上运用ThingsBoard平台，通过用户部署设备API来实现设备状态智能异常邮件报警功能，从而实现物联网设备的智能运维。项目将介绍ThingsBoard设备API端口连接方法，实现快速简易化的数据传输测试，并借助ThingsBoard邮件报警实现设备异常事件自动报警功能，方便运维工程师实时监控、管理设备。

图6-1　智能化运维平台

任务1　　ThingsBoard设备API连接

- 能在ThingsBoard平台上正确使用API工具，实现MQTT协议数据传输
- 能在ThingsBoard平台上正确使用端口测试工具，实现HTTP数据传输

任务描述：在前续项目的基础上，本任务运用ThingsBoard平台提供的API进行数据传输。使用常见的API工具对ThingsBoard平台设备数据信息进行上传和读取操作，实现快速、简易化的数据传输测试。

任务要求：

- 能根据ThingsBoard平台提供的API实现MQTT工具数据传输
- 能根据ThingsBoard平台提供的API实现HTTP工具数据传输

一、ThingsBoard API

ThingsBoard　API又称为ThingsBoard应用程序编程接口，根据ThingsBoard提

供的API接口，能让各个设备与ThingsBoard平台之间按照一定规范格式实现数据传输。ThingsBoard API由两个主要部分组成：设备API和服务器端API。设备API按支持的通信协议分为MQTT API、HTTP API、LWM2M API、CoAP API和SNMP API。服务端API允许将ThingsBoard网关中现有设备使用上述通信协议连接到ThingsBoard平台中。

1. MQTT设备API

MQTT是一个基于客户端—服务器的消息发布/订阅传输协议。ThingsBoard服务器可以充当MQTT服务端，支持QoS级别的可配置主题，通过MQTT客户端订阅消息从而实现数据交互。

（1）MQTT连接状态

MQTT服务器与客户端连接时，常使用设备访问令牌凭证（$ACCESS_TOKEN）进行身份验证，客户端应用程序使用包含设备访问令牌凭证（$ACCESS_TOKEN）的用户名发送MQTT CONNECT消息。服务器接收到访问设备令牌凭证后将传回返回码，并确定连接状态，常见MQTT连接状态见表6-1。

表6-1　MQTT连接状态

返 回 代 码	状 态
0x00	已成功连接到ThingsBoard MQTT服务器
0x04	连接被拒绝，用户名或密码错误
0x05	连接被拒绝，未授权，用户名包含无效的$ACCESS_TOKEN

MQTT连接除了使用访问设备令牌凭证（$ACCESS_TOKEN）进行验证外，也可以使用X.509证书或基本MQTT凭据（客户端ID、用户名和密码的组合方式）进行身份验证。

（2）消息传递格式

使用MQTT传递消息时，默认情况下ThingsBoard支持JSON格式的键值内容。JSON代码大致分成key和value两个部分，其中key始终是一个字符串，而value可以是string、boolean、double、long等类型，例如：

```
1. {
2.   "key":"value",
3.   "key": {
4.     "someNumber": 42,
5.   }
6. }
```

上述代码需要留意的是：

● 第2行key代表键名，value代表key的值。

● 第3行key代表键名，对应的值是JSON值。

MQTT键值格式除了使用JSON外，还可以使用Protocol Buffers、自定义二进制格式、某些序列化框架发送数据。

（3）遥测上传API

MQTT是一个消息发布/订阅传输协议，为了将遥测数据发布到ThingsBoard服务器节点，需要在MQTT客户端把PUBLISH消息发送到v1/devices/me/telemetry接口中。发送数据最简单的格式是：

```
{"key1":"value1", "key2":"value2"}
```

上述代码需要留意的是：

- key1代表上传键名，value1代表key1的值。

- key2代表上传键名，value2代表key2的值。

默认情况下，服务器端时间戳将自动分配给上传的数据。如果想自定义获取客户端时间戳，可以使用以下格式：

```
{"ts":1451649600512, "values":{"key1":"value1", "key2":"value2"}}
```

上述代码需要留意的是：

- ts代表UNIX时间戳名，1451649600512对应"Fri, 01 Jan 2016 12:00:00.512 GMT"。

（4）将属性发布到服务器

MQTT除了能上传设备遥测值外，还能上传设备属性。ThingsBoard属性API允许设备将客户端设备属性上传至服务器中，还能从服务器请求客户端、共享设备属性和订阅共享设备属性。

将客户端设备属性发布到ThingsBoard服务器节点，客户端需向服务端v1/devices/me/attributes接口发送PUBLISH消息。默认情况下ThingsBoard支持JSON格式的属性发布，例如：

```
1. {
2.   "attribute1": "value1",
3.   "attribute2": {
4.     "someNumber": 42,
5.   }
6. }
```

上述代码需要留意的是：

- 第2行attribute1代表设备属性名，value1代表attribute1的属性值。

- 第3行attribute2代表设备属性名，对应的值是对象。

（5）从服务器请求属性值

为了向ThingsBoard服务器节点请求客户端属性值或者共享设备的属性，在客户端中需要向服务器v1/devices/me/attributes/request/$request_id接口发送PUBLISH消息，其中$request_id是整数请求标识符。为了获得设备的$request_id值，在发送带有请求的PUBLISH消息之前，客户端需要订阅v1/devices/me/attributes/response/+接口来获取request_id值。

（6）从服务器订阅属性更新

要订阅共享设备属性更新状态，客户端需向v1/devices/me/attributes接口发送SUBSCRIBE消息，发送数据默认采用JSON格式：

```
{"key1":"value1"}
```

上述命令需要留意的是：

- key1代表属性更新名，value1代表更新的属性值。

2. HTTP设备API

HTTP是一种通用网络协议，基于TCP请求—响应模型，可用于IoT应用程序。ThingsBoard服务器可以充当支持HTTP和HTTPS的HTTP服务器，通过HTTP客户端发送URL实现数据交互。

（1）HTTP连接状态

HTTP服务器与客户端连接时，常使用访问令牌设备凭证（$ACCESS_TOKEN）进行身份验证。客户端应用程序需要在每个HTTP请求中使用包含设备访问令牌凭证（$ACCESS_TOKEN）作为路径参数，常见的HTTP连接请求码见表6-2。

表6-2　常见的HTTP连接请求码

返回代码	状　态
400	无效的URL、请求参数或正文
401	未经授权$ACCESS_TOKEN
404	未找到资源

（2）消息传递格式

使用HTTP传递消息时，默认情况下ThingsBoard支持JSON格式的键值内容。JSON代码大致分成key和value两个部分，其中key始终是一个字符串，而value可以是string、boolean、double、long等类型，例如：

```
1. {
2. "key":"value",
3. "key": {
4.     "someNumber": 1,
5. }
6. }
```

上述代码需要留意的是：

● 第2行key代表上传键名，value代表key的值。

● 第3行key代表上传键名，对应的值是对象。

（3）遥测上传API

为了将遥测数据发布到ThingsBoard服务器节点，客户端将使用POST请求发送到http(s)://host:port/api/v1/$ACCESS_TOKEN/telemetry地址中，其中host:port代表ThingsBoard访问地址与端口，$ACCESS_TOKEN代表设备访问令牌凭证。发送数据支持最简单的JSON格式：

```
{"key1":"value1", "key2":"value2"}
```

上述代码需要留意的是：

● key1代表上传键名，value1代表key1的值。

● key2代表上传键名，value2代表key2的值。

默认情况下，服务器端时间戳将自动分配给上传的数据。如果设备能够获取客户端时间戳，可以使用以下格式：

```
{"ts":1451649600512, "values":{"key1":"value1", "key2":"value2"}}
```

上述代码需要留意的是：

● ts代表UNIX时间戳名，1451649600512对应于"Fri,01 Jan 2016 12:00:00.512 GMT"。

（4）将属性发布到服务器

ThingsBoard属性API允许设备将设备属性上传至服务器，以及从服务器请求客户端、共享设备属性和服务器订阅共享设备属性。

为了将客户端设备属性发布到ThingsBoard服务器节点，客户端将使用POST请求发送到http(s)://host:port/api/v1/$ACCESS_TOKEN/attributes地址中。默认情况下ThingsBoard支持JSON格式的属性发布，例如：

```
1. {
2.    "attribute1": "value1",
3.    "attribute2": {
4.      "someNumber": 1,
5.    }
6. }
```

上述代码需要留意的是：

● 第二行attribute1代表设备属性名，value1代表attribute1的属性值。

● 第三行attribute2代表设备属性名，对应的值是JSON值。

（5）从服务器请求属性值

为了向ThingsBoard服务器节点请求客户端或共享设备属性，客户端将使用GET请求发送到http(s)://host:port/api/v1/$ACCESS_TOKEN/attributes?clientKeys=attribute 1,attribute2&sharedKeys=shared1,shared2地址中。

（6）从服务器订阅属性更新信息

要订阅共享设备属性更新信息，客户端将带有可选"超时"请求参数的GET请求发送到 http(s)://host:port/api/v1/$ACCESS_TOKEN/attributes/updates地址中。请求属性 更新默认采用JSON格式：

```
{"key1":"value1"}
```

上述代码需要留意的是：

● key1代表属性名，value1代表更新属性值。

二、常见API客户端

学习ThingsBoard时，可以使用API客户端模拟数据传输功能。常见的MQTT客户端有 MQTTBox、MQTT.fx等，HTTP客户端有Postman等。

1. MQTT客户端

MQTTBox是一个带有可视化界面的MQTT客户端工具。这款软件支持Windows、 Mac和Linux平台运行，直接通过搜索平台搜索MQTTBox并选择合适的版本下载安装即可。 MQTTBox支持创建具有多种连接设置的MQTT客户端、用户名/密码认证、发布多个主题、 订阅多个主题、查看已发布和已订阅的消息历史记录等功能，如图6-2所示。

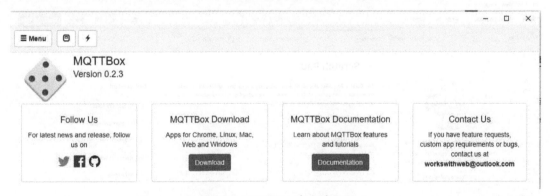

图6-2　MQTTBox客户端界面

MQTT.fx也属于常见的MQTT桌面客户端软件之一，它支持Windows、Mac、Linux 操作系统，可以快速验证是否可与IoT Cloud进行连接，并发布或订阅消息，如图6-3所示。 MQTT.fx软件从官方网站下载安装即可。

2. HTTP客户端

Postman是一个接口测试工具，它可以模拟用户发起的各类HTTP请求，将请求数据发 送至服务端获取对应的响应结果，从而验证响应中的结果数据是否和预期值相匹配。

Postman主要是用来模拟各种HTTP请求的，Postman软件与浏览器的区别在于Postman可以使用JSON输出格式直接返回结果。Postman软件从官网下载安装即可，如图6-4所示。

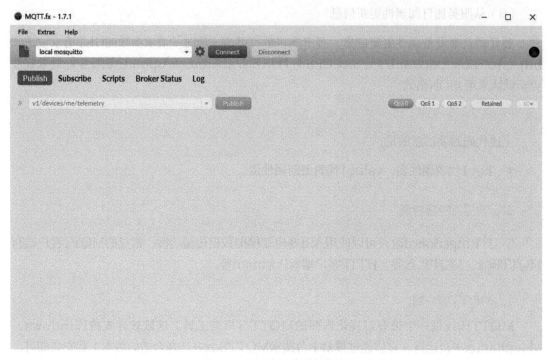

图6-3　MQTT.fx客户端界面

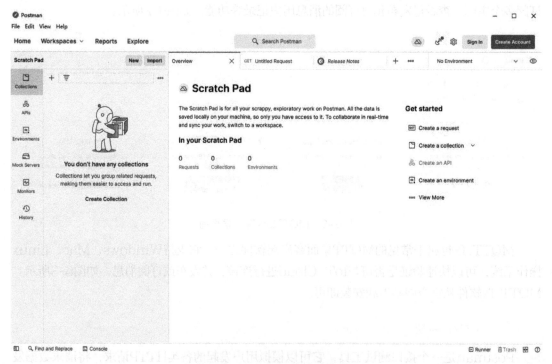

图6-4　Postman客户端界面

三、JSON

JSON（JavaScript Object Notation）是一种轻量级的数据交换格式。JSON语句由属性和值所组成，因此也易于阅读和处理。JSON是独立于编程语言的格式，不仅是JavaScript的子集，也采用了C语言家族的习惯用法，目前有许多编程语言都能够对JSON语句进行解析，常用于把值传递给不同的数据平台，如Node.js、MongoDB、NoSQL等平台。

1. JSON语法规则

JSON是JavaScript的子集合，JSON数据的书写方式常用"名称：值"形式，其中名称用双引号括起，名称与值之间用冒号隔开。JSON值类型包括数字、字符串、逻辑值、数组、对象、null等。JSON值类型书写方式与C语言类似，当值类型为字符串时需用" "符号表示；当值类型为逻辑值时用true和false表示。

```
1. {"newland":"china"}
2. {"temp":23}
3. {"switch":true}
```

上述代码需要留意的是：

- 第1行代码中"newland"是JSON的数据名称，其值是字符串"china"。
- 第2行代码中"temp"是JSON的数据名称，其值是数字类型23。
- 第3行代码中"switch"是JSON的数据名称，其值是逻辑值true。

2. JSON对象值

当JSON传递对象时，可以包含多个"名称：值"，每个数据之间使用逗号进行隔开。

```
{"newland":"china","nle":"fuzhou"}
```

上述代码需要留意的是：

- 当JSON传递对象时，数据之间使用"，"符号隔开。

3. JSON数组值

JSON除了能传递单个值、对象外，还可以组成JSON数组，JSON数组在[ ]符号中书写，多个"名称：值"用逗号隔开。

```
1. {
2.   "newland":[
3.     {"firstname":"new","lastname:"land"},
4.     {"temp":20,"humidity":40},
5.   ]
6. }
```

上述代码需要留意的是：

- 当JSON值表示数组时，在"[ ]"符号内添加数据值。

任务实施

任务实施前必须先准备好以下设备和资源。

序 号	设备/资源名称	数 量	是否准备到位（√）
1	计算机	1	
2	ThingsBoard	1	
3	MQTTBox	1	
4	Postman	1	

MQTTBox和Postman软件都是带有可视化界面的API客户端工具，任务将使用MQTT和HTTP实现ThingsBoard平台API接口数据传递操作。

1. ThingsBoard设备创建

在ThingsBoard设备页面中创建一个用于MQTT上传测试的设备，命名为MQTT，如图6-5所示，并复制设备访问令牌。

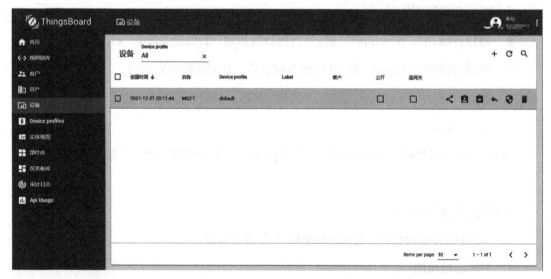

图6-5 ThingsBoard设备创建

2. 配置MQTTBox软件

打开MQTTBox软件，单击"Create MQTT Client"按钮，填写Client名称、ThingsBoard服务器地址和端口、选择mqtt/tcp以及Username。其中HOST填写ThingsBoard服务器地址和端口，Protocol填写"mqtt/tcp"，Username填写设备访问令牌，如图6-6所示。

3. 遥测数据上传

在"Topic to publish"中填写发布主题v1/devices/me/telemetry，在"Payload"中编写JSON格式的遥测值，例如{"value":"newland"}，如图6-7所示，完成后单击"Publish"按钮。

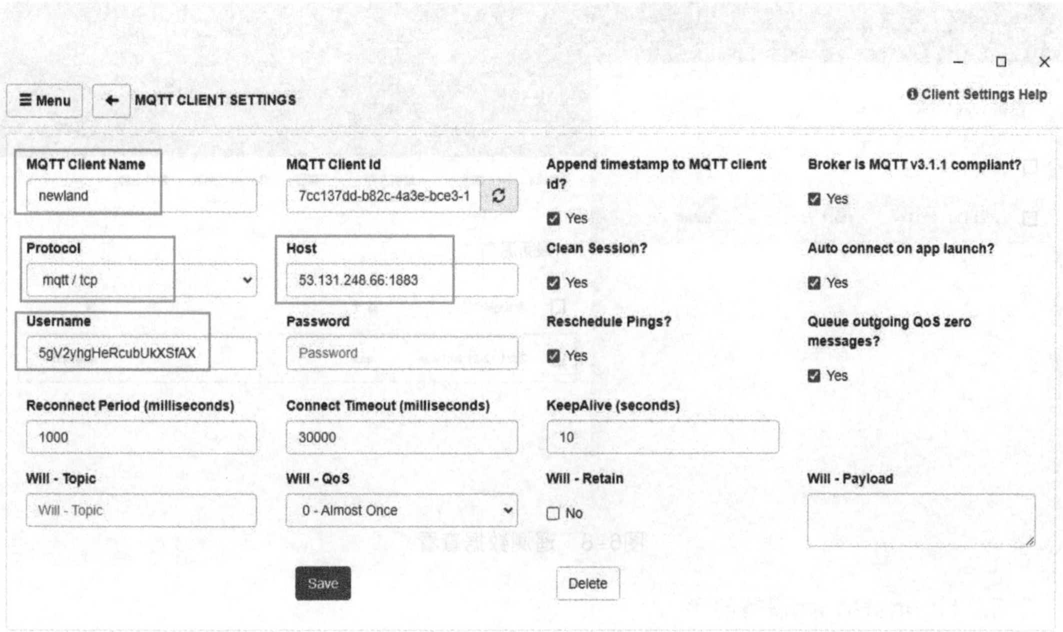

图6-6 MQTTBox软件配置

图6-7 MQTTBox遥测数据上传

4. 遥测数据查看（MQTT方式）

回到ThingsBoard设备页面，单击"MQTT"设备最新遥测选项，查看刚上传的遥测数据值，如图6-8所示。

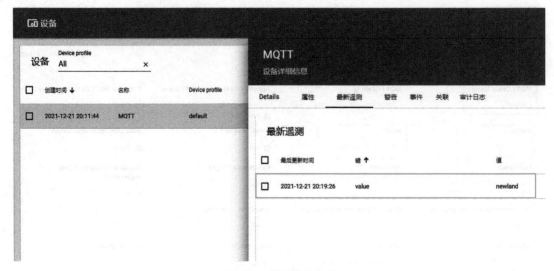

图6-8 遥测数据查看

5. ThingsBoard设备创建

在ThingsBoard设备页面中再创建一个用于HTTP上传测试的设备，命名为HTTP，并复制设备访问令牌。

6. 配置Postman软件

打开Postman软件"File"菜单，选择"New"选项，再选择"HTTP Request"模式，如图6-9所示。

图6-9 Postman软件界面

在Postman传输数据方式中，选择HTTP传输模式为POST，之后URL可以根据HTTP提供的http(s)://host:port/api/v1/$ACCESS_TOKEN/telemetry遥测数据方法，在地址栏中填写ThingsBoard地址（52.131.248.66）、端口（80）和设备访问令牌凭证（ThingsBoard设备）。勾选"Body""raw""JSON"选项，如图6-10所示，完成后单击"Send"按钮即可，连接状态可在Body窗口中查看。由于企业级服务器会考虑网络安全因素，有部分服务器可能关闭了HTTP传输模式，若出现405提示则表示服务器已关闭HTTP传输数据。

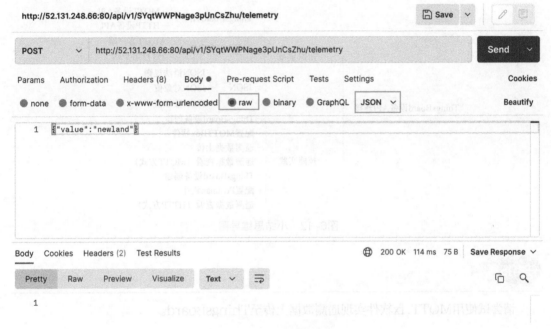

图6-10　Postman配置

7. 遥测数据查看（HTTP方式）

回到ThingsBoard平台，选择用于接收HTTP数据的设备，单击设备"最新遥测"选项，可以查看使用Postman软件以HTTP方式传输的遥测值，如图6-11所示。

图6-11　Postman上传遥测数据查看

本任务在前续项目的基础上对TingsBoard平台开展挑战训练。根据ThingsBoard平台提供的API，使用API工具实现设备数据的模拟传输和接收。通过本任务的学习，运维人员能快速、简易化对数据传输测试，方便运维工程师能高效、测试ThingsBoard平台。本任务的相关知识技能小结思维导图如图6-12所示。

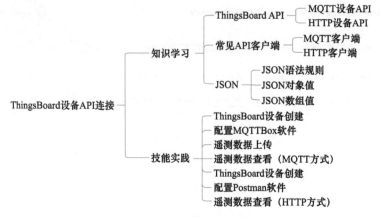

图6-12 小结思维导图

请尝试使用MQTT.fx软件实现遥测数据上传至ThingsBoard。

任务2 ThingsBoard邮件报警配置

- 能在ThingsBoard平台上正确配置设备，实现遥测值上传
- 能在ThingsBoard平台上正确使用规则链，实现邮件配置

任务描述： 在前续任务的基础上，根据ThingsBoard平台规则链执行节点特性，实现电子邮件发送配置，并通过上传遥测值完成邮件的自动发送。

任务要求：

- 能配置规则链to email节点完成邮件内容配置

- 能配置规则链send email节点完成邮件发送配置
- 能配置规则链根节点完成邮件自动发送

一、邮件传输协议

电子邮件是互联网应用最广的服务，是由发件人将数字信息发送给一个人或多个人的信息交换方式，一般会通过互联网或其他网络进行书写、发送和接收信件，达成发信人和收信人之间的信息交互。

1. SMTP

邮件传输协议（Simple Mail Transfer Protocol，SMTP）是一个在互联网上传输电子邮件的标准，提供高效、可靠地传送邮件服务。SMTP定义了从源地址到目的地址传送邮件的规则，并且控制信件的中转方式。SMTP属于TCP/IP族，它帮助每台计算机在发送或中转信件时找到下一个目的地。SMTP的工作过程可分为如下3个过程：

1）建立连接：在这一阶段，SMTP客户请求与服务器的25端口建立一个TCP连接。一旦连接建立，SMTP服务器和客户就开始相互通告自己的域名，同时确认对方的域名。

2）邮件传送：利用命令，SMTP客户将邮件的源地址、目的地址和邮件的具体内容传递给SMTP服务器，SMTP服务器进行相应的响应并接收邮件。

3）连接释放：SMTP客户发出退出命令，服务器在处理命令后进行响应，随后关闭TCP连接。

2. POP3

邮局协议（Post Office Protocol，POP）是TCP/IP族中的一员，于1996年首次定义。此协议主要用于支持客户端远程管理在服务器上的电子邮件。最新版本为POP3，提供了SSL加密的POP3被称为POP3S。

POP3工作时包含认证状态、处理状态和更新状态。当客户机与服务器建立连接时，客户机向服务器发送身份信息并由服务器验证。当服务器验证信息通过后，客户端由认可状态转入处理状态，在完成列出未读邮件等相应的操作后客户端发出退出命令。

POP支持离线邮件处理功能，离线访问模式采用存储转发服务，将邮件从邮件服务器端送到个人终端机器上，一旦邮件下载到个人终端机上，邮件服务器的邮件将会被删除。目前改进的POP3邮件服务器大都可以保留已阅读邮件内容。

二、ThingsBoard邮件发送节点

ThingsBoard平台对异常事件监听中，除了在ThingsBoard平台发送警告信息外还能使用电子邮箱、短信等形式发送自定义信息，极大提高管理员对ThingsBoard平台设备的实时管理能力。

1. ThingsBoard发送邮件节点

ThingsBoard规则链外部选项中"send email"节点提供了发送电子邮件功能，如图6-13所示。"send email"节点能配置邮件传输协议、邮件身份验证信息等参数。

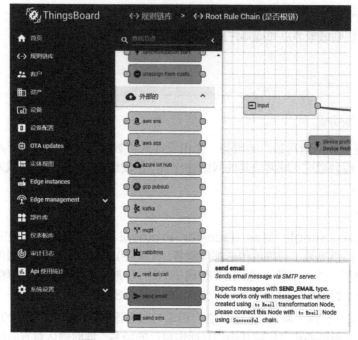

图6-13　ThingsBoard send email节点

2. ThingsBoard邮件配置节点

ThingsBoard规则链中的变换"to email"节点提供了电子邮件配置功能，如图6-14所示。"to email"节点可以配置发送邮件地址、收件箱地址、信件内容等参数信息。

图6-14　ThingsBoard to email节点

任务实施前必须先准备好以下设备和资源。

序　　号	设备/资源名称	数　　量	是否准备到位（√）
1	计算机	1	
2	ThingsBoard	1	
3	电子邮箱	2	

在前续任务基础上，本任务将使用ThingsBoard平台邮件节点完成自动邮件发送功能，让读者能掌握ThingsBoard异常事件自动邮件报警方法。

1. ThingsBoard设备创建

在ThingsBoard设备页面中创建一个用于测试邮件发送的设备，命名为Email，如图6-15所示。

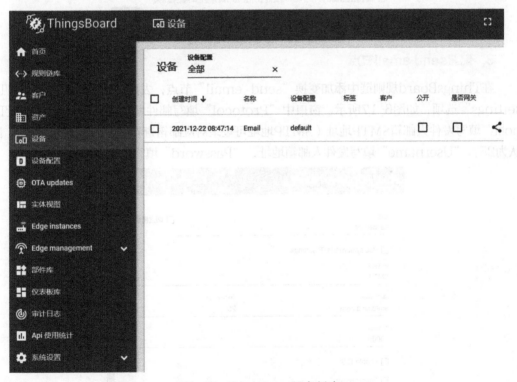

图6-15　ThingsBoard设备创建

2. 配置to email节点

在ThingsBoard ROOT规则链中添加变换"to email"节点，如图6-16所示，配置页面中"From Template"填写发件人邮箱地址，"To Template"填写收件人邮箱地址，"Body Template"填写邮件正文内容。如果需要发送ThingsBoard设备信息可以在"Cc/Bcc Template"中填写相关设备内容。

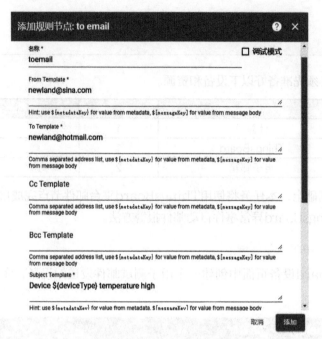

图6-16 to email节点配置

3. 配置send email节点

在ThingsBoard规则链中添加变换"send email"节点，去掉"Use system SMTP settings"选项，如图6-17所示，窗口中"Protocol"填写邮件发送协议SMTP，"SMTP host"填写发件人邮箱SMTP地址（SMTP地址可登录对应邮箱查看），"SMTP port"默认为25，"Username"填写发件人邮箱地址，"Password"填写发件人邮箱登录密码。

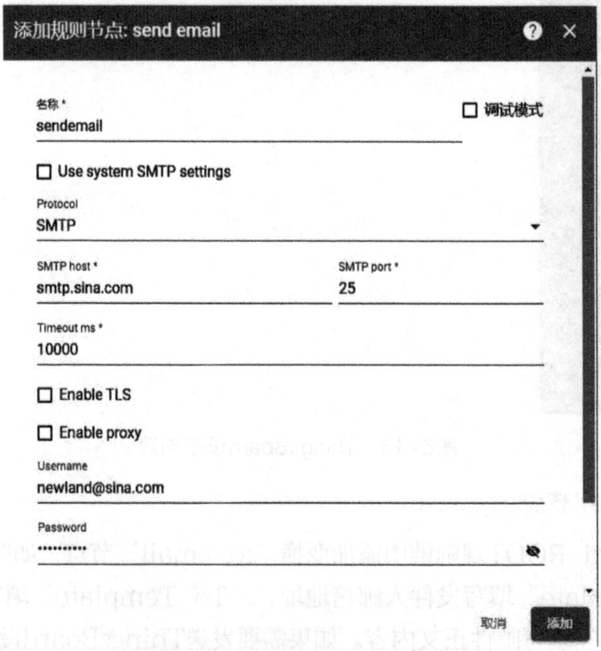

图6-17 send email节点配置

4. 规则链配置

在ThingsBoard规则链中添加"to email""send email"节点后，还需要对节点进行输入、输出配置，如图6-18所示，当"save timeseries"节点执行成功后链路类型选择"Success"，"to email"节点执行成功后链路类型选择"Success"。完成节点配置后单击"保存"按钮。

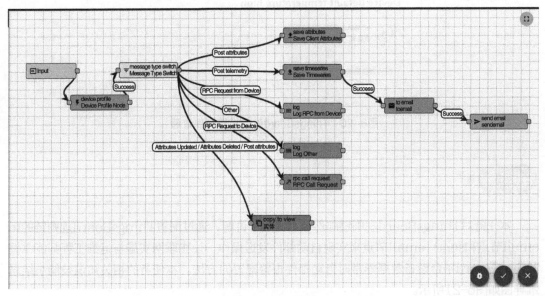

图6-18 规则链配置

5. 设备遥测数据上传

在ThingsBoard平台设备中新建"e-mail"设备，使用MQTT或Postman软件的上传遥测值，并回到ThingsBoard平台单击"e-mail"设备，查看"最新遥测"，如图6-19所示。

e-mail
设备详细信息

Details	属性	最新遥测	警告	事件	关联	审计日志

最新遥测

☐	最后更新时间	键 ↑		值
☐	2022-01-13 16:56:13	value		email

图6-19 ThingsBoard设备数据遥测值查看

6. 查看报警邮件

当设备遥测值接收后，ThingsBoard平台会自动发送邮件到配置的收件人中，如图6-20所示。接收邮件时有些邮箱会把该类邮件自动识别为垃圾邮件，读者自行移除即可。

图6-20　ThingsBoard设备报警邮件查看

本任务对ThingsBoard规则链邮件节点开展了讲解，通过配置ThingsBoard规则链的to email节点和send email节点来实现自动邮件发送操作，让物联网实施与运维工程师能掌握ThingsBoard平台设备数据异常时自动邮件报警配置的方法。本任务的相关知识技能小结思维导图如图6-21所示。

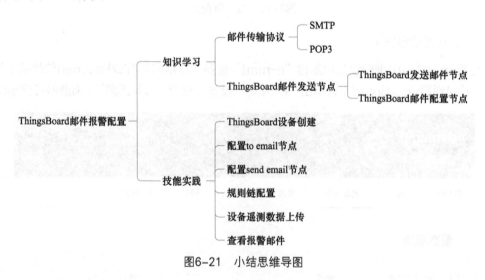

图6-21　小结思维导图

请尝试自定义规则链，实现设备遥测数据达到阀值时发送邮件，并将自定义的规则链并入根规则链。

参 考 文 献

[1] 张晓东. 物联网设备安装与调试 [M]. 北京: 电子工业出版社, 2021.

[2] 张继辉. 物联网设备安装与调试 [M]. 北京: 机械工业出版社, 2019.

[3] 邵泽华. 物联网与云平台 [M]. 北京: 中国人民大学出版社, 2021.

[4] 耿淬. 电气识图 [M]. 3版. 北京: 高等教育出版社, 2015.

[5] 许磊. 物联网工程导论 [M]. 北京: 高等教育出版社, 2018.

[6] 韩晓光. 系统运维全面解析: 技术、管理与实践 [M]. 北京: 电子工业出版社, 2015.

[7] 符长青, 符晓勤, 符晓兰. 信息系统运维服务管理 [M]. 北京: 清华大学出版社, 2015.

[8] 郭芳, 岳大安. 网络设备安装与调试 [M]. 北京: 机械工业出版社, 2016.

[9] 杨绍胤. 电子信息系统机房工程 [M]. 北京: 机械工业出版社, 2018.

[10] 汤平, 邱秀玲, 叶婧靖, 等. 传感器技术及应用 [M]. 北京: 电子工业出版社, 2019.

[11] 俞菲, 王雷. 无线通信技术 [M]. 北京: 人民邮电出版社, 2020.

[12] 姚明, 孙昕炜, 王恒心, 等. 物联网安装调试与运维 [M]. 北京: 清华大学出版社, 2022.

[13] 储成友. Linux系统运维指南: 从入门到企业实战 [M]. 北京: 人民邮电出版社, 2020.

[14] 李晓妍. 万物互联 [M]. 北京: 人民邮电出版社, 2017.